飼育箱造景

菲利浦・玻瑟（Philip Purser）◎著

楊豐懋◎譯

晨星出版

目錄

什麼是自然飼育箱？

如果你曾經去過動物園，見過有毒的蝮蛇慢慢滑過牠那充滿棕櫚葉與落葉的棲息地，或是曾經在走過附近的寵物店時，駐足觀看馬達加斯加綠守宮那燠熱潮濕的環境，那你就已經看過所謂的自然飼育箱了。如果你和我一樣長時間飼養兩棲動物、爬行動物或無脊椎動物（狼蛛、蠍子、蜈蚣等），那麼你就很可能曾經打造過一個自然飼育箱。好消息是，幾乎所有市面上能夠買到的爬行動物或是兩棲動物都能在某種自然飼育箱中生存。

還有個更好的消息，打造一個自然飼育箱可能比你想像中要來得容易許多。只要有一點點的技術，即便是初學者也能打造出一個可供生存與成長且具有生物準確性的沙漠或樹林環境。如果你對兩棲爬行動物較有經驗，你也許會希望挑戰由自己親手打造一個功能齊全的沼澤生態體系，裡面有腐爛的泥炭層、流動的水、生長的睡蓮，還有讓泥龜或虎紋蠑螈能夠捕食的魚群。

我將飼育兩棲爬行動物視為一門科學、一種藝術、一項使命。這項興趣的藝術層面在於，我認為我們所飼育的物種以及我們飼育牠們的方式反映了我們自己以及我們在這個世界上的定位。許多業餘愛好者都在努力打造一個極致的——大概十加侖（三十八公升）大小的玻璃罐，就像一個放在咖啡桌上的小小世界。一個住著健康的兩棲爬行動物的美麗飼育箱是一項相當了不起的成就。

最後，身為生態學家，這是我的使命。保護自然世界是我人生中最重要的事情之一，我會盡我所能讓世界充滿綠意與生機。我想做的，無非是把這份對自然的熱愛與感激之情傳遞給我的讀者們。

我和我的哲學就到此為止。如果你已經讀到了這裡，顯然你對於了解「什麼是自然飼育箱與如何打造自然飼育箱」是有興趣的。如果我說得沒錯，那你就來對地方了，因為我已經盡可能地使這本書深入淺出。這本書會教你所有關於自然飼育箱的各種構成要素（底土、水、植栽、石頭等）；然後再把這些基本知識結合在一起，形成一個用來打造任何你所能想像得到的自然飼育箱的方針。萬丈高樓平地起，這本書將會提供你關於生態飼育箱各方各面充實而實用的知識。

自然飼育箱是一種複雜的飼育箱，它能為裡頭的「住戶」們提供許多甚至所有牠們通常在野外會遭遇的自然要素。比方說，如果你在一個玻璃箱裡面放上紙巾或報紙當底，再加上一個黑色的塑膠盒，玉米蛇是可以在裡面成長的，但牠的行為跟在自然界中絕對不會一樣，畢竟野生的玉米蛇很難找到一個裡面有紙巾和塑膠盒的家。自然環境下，玉米蛇會居住在森林與低地，生活在寧靜小樹林中的樹洞和樹蔭下。透過打造

一個自然飼育箱，提供你的玉米蛇部分或所有這些要素，你可以見到寵物的生活與行為幾乎和在自然界中別無二致：躲藏在板狀的樹皮底下、穿越蕨類植物叢來追蹤獵物、徜徉在交織的粗糙樹杈間。

　　幾乎所有你能想像得到的爬行動物或是兩棲動物都是如此。雖然牠也許能夠在只有最基本生活必需品中的飼育箱中生存，但牠不會像在自然界般生活與行動。自然飼育箱不僅能讓爬行動物與兩棲動物的飼主有更有趣也更美好的體驗，還能從根本上提升寵物們的生活水準。

　　無論你是什麼樣的業餘愛好者、養的是什麼樣的爬行或兩棲動物、手邊能動用多少預算，總會有一款自然飼育箱適合你。其關鍵在於找到合適的搭配來滿足你的需求，而這就是本書的意義所在。在寫這篇文章的時候，我試著從業餘愛好者的角度出發。我不希望剛入坑的新手被太多先進的資訊和技術搞得無所適從，但同時，我也不希望老手們由於這些關於自然飼育箱的最基礎資料與數據而感到索然無味。相對的，我希望這本書能是一本有用的、功能齊全的資料文本。我希望它能回答這些問題，並在體驗自然飼育箱的各方各面上，滿足那些苦惱於不知如何打造自然飼育箱的業餘愛好者。請記住，打造與維護自然飼育箱應該要是件有趣的事情！如果各地的業餘愛好者未能從中獲得極大的享受，他們也不會花費大量的時間、金錢與精力來打造並維護這些精緻的飼育箱。

自然飼育箱為其住戶提供了許多棲息地的要素

第一章

自然飼育箱的歷史

讓我們先從術語的定義上來了解自然飼育箱。飼育箱（terrarium）這個字的拉丁詞根可以拆成兩個部分，前面是「土地」terra ，而後綴的則是意味著「地方」或「地點」的 rium 。因此，這個字的字面意思是「土地的地方」或「土地的地點」。這個定義很好理解，因為在某種程度上，任何安置動物的飼育箱都包含土地或環境的一部分。但是現代對於飼育箱的定義和其字面上的定義並不盡相同。當有愛好者說：「我把我的蜥蜴養在飼育箱中。」他們的意思可能只是說這隻蜥蜴生活在一個玻璃或丙烯酸的容器中，裡面有報紙、紙巾、玉米芯、椰子殼之類的東西。事實上，這不是一個真正的飼育箱，充其量只是一個缺乏維護的棲息地、一個克難的家。當然，如果衛生狀況良好的話，這種環境跟用在醫院、檢疫或飼育的容器相去不多。然而，如果說到要讓你的寵物長居久安，我還是強烈推薦採用真正的自然飼育箱。

而自然，顧名思義指的是：植物、岩石、空氣、陽光、水，乃至於自然界中存在的地質與生物過程。因此，根據我們對這個詞彙的定義，真正的「自然飼育箱」應該是一個包含了許多能在自然界中發現的元素的「土地」。

飼育箱還是生態缸？

爬行、兩棲動物與無脊椎動物愛好者還會使用另一個術語：生態缸（vivarium），其意思是指複雜的、充滿生機的、生態平衡的自然飼育箱。但需要注意的是，自然飼育箱與複雜得多的生態缸之間有細微的差別。用比較容易理解的方式來說，所有的生態缸都是複雜的自然飼育箱，但並非所有的自然飼育箱都進步到足以被稱為是生態缸。愛好者對於生態缸一詞的使用並不甚嚴謹，這個詞已經漸漸地能與自然飼育箱互通。

以前的飼育箱

雖然說最近對於自然飼育箱有興趣的人愈來愈多了，但自然飼育箱並不是一種多麼嶄新的概念，它少說也有兩千五百年的歷史了。早在公元前五百年，古希臘人便建造了半室內的花園，一年四季種植各式各樣的草要，用以觀察與實作。（即使是在使田間寸草不生的乾旱時期，這些花園仍然便於灌溉。）同樣的，中國自古便為了工藝上的審美愉悅與精神啟迪而對盆景與室內水園的技術精益求精。

就算是在古代，飼育箱也在商業與藝術用途上大放異彩。然而，在這個時候，只有非常富裕的人才能負擔得起室內花園這種奢侈品，畢竟工人階級的平民既沒有錢也沒有閒暇時間來照顧這類自成體系的花園。此時的人們認為這種生態系統裡面只有植物而已。

可惜的是，自然飼育箱一直到十九世紀中期才開始出現在一般大眾眼前。一八二七年，英國內科醫生納薩尼爾‧沃德（Nathanial Ward）在倫敦郊區山上茂密的森林中散步時，偶然發現了一隻天蛾的蛹，他小心翼翼地把蛹從樹枝上摘下來，又挖起一抔泥土，把泥土、樹枝和蛹放在一個蓋著蓋子的罐中，他將罐子內部維持得相當濕潤。在他等待天蛾破

愛好者們通常會把自然飼育箱稱為生態缸。這兩個詞都很常見。

繭而出的時候，他注意到有幾株小型蕨類植物從罐中的土裡冒出頭來。

等到天蛾羽化的時候，沃德醫生小型溫室裡的植物已經成長得欣欣向榮。令人驚嘆的是，雖然密封的罐子無法使氧氣進入，但天蛾卻活了下來。沃德醫生開始推測，如果動物和植物能保持平衡的關係，即使生態系統封閉，牠們仍然能夠存活下來。隨著時間的推移，他將更多時間與精力投入到罐中生長的植物上，生態系統的概念也隨之發展。

一八四二年，沃德醫生所出版的《植物在玻璃密封箱中的生長》（On the Growth of Plants in Closely Glazed Cases）迅速席捲了整個英格蘭。

一八五二年，沃德箱（Wardian case）廣受商人與貴族的青睞，典型的沃德箱是由鐵架構成，帶有玻璃壁與蓋子。熱帶植物和來自國外的植物得以從世界各地進口，無須在返回英國的航行中領略寒冷氣候和鹹鹹的海風。維多利亞時期，英國那些有錢的上流社會人士將外來種植物在市場上炒得火熱朝天，並持續生產沃德箱。到了十九世紀中葉，上流社會中幾乎家家戶戶都有幾個沃德箱。隨著沃德箱逐漸成為財富與奢侈的象徵，沃德箱裡的植物也變得愈來愈鋪張浪費。根據持有者的愛好與需求，沃德箱本身也產生了變化，結構變得更複雜。早期的沃德箱規模小而簡單，後來尺寸變得愈來愈大，形狀也五花八門。到了一八七三年，「沃德箱」這個名字被換成了更合適的術語，「飼育箱」。

不同的國家，不同的興趣

雖然自然飼育箱在美國是到最近才開始受到歡迎，但在歐洲和亞洲倒是一直都很熱門。這些地區的業餘愛好者花費了無數的時間為他們的生態缸提供灌溉、施肥、照明與修剪。照料生態缸是一種很療癒的行為，許多愛好者都藉此紓解憂慮或工作壓力，所以這些人大多喜好和平，生態缸在他們的悉心照料下也大多極為迷人。許多歐洲與亞洲的業餘愛好者也不吝於展示他們的作品。在不少家庭裡，生態缸是整個家庭的中心，甚至能取代電視而成為整個家庭關注的焦點。

直到十九世紀末，人們才開始在這些封閉的生態環境裡面大量混合動物與植物。而到了二十世紀末，歐洲的上流社會創造了「生態缸」一詞，將玻璃容器中的「生命」也包含了進去。

現代

令人難過的是，生態缸在二十世紀初的黑暗時期淡出了世界文化之外。第一次世界大戰和經濟蕭條意味著許多人不會再有時間和金錢來栽培生態飼育箱。直到一九七零年代，這些有趣的玩意兒才又重新流行了起來。隨著環保時代的降臨，公眾對於環境與自然界的關注達到了前所未有的程度。隨著這波發展，私人收藏與公共展示的生態缸又再次流行了起來。

世界各地的動物園開始打造自然的、精心種植的、功能齊全的、大大小小的飼育環境來取代舊有的籠子。以往動物園裡的動物都過著悲慘的生活，如今動物園以茂密的熱帶雨林、生機勃勃的花園、流動的瀑布和半完整的生態系統來容納它們的「住戶」。在一九八零年代，人們建造了巨大的動物飼養環境，大到足以容納巨蟒、熊，甚至大猩猩。

到了一九九零年代，這種微觀的環境迅速興起。許多精心打造的自然飼育箱進入了主題公園、遊樂園、購物中心，甚至是地方政府大樓和政府辦公室的公共展覽空間。隨著這樣的公共展覽普及化，打造生態缸所需的材料和知識也變得垂手可得，一般的業餘愛好者在此時發現，在

家裡打造並維護一個自然飼育箱並非是遙不可及的夢想。

時至今日，個人所擁有的生態缸與自然飼育箱的流行達到了前所未有的程度。世界各地的愛好者都在自己的家中打造、維護並培育這些小小的世界，雜誌和網站也刊載了關於維護生態缸的專欄與專題文章。隨著對飼育箱興趣的興起，這種封閉式生態

剛開始的時候，飼育箱裡面只有植物，而沒有動物。這種情況直到十九世紀末才產生了轉變。

系統的範圍也逐漸擴大，成年的尼羅河巨蜥在房間大小的飼育箱裡漫步；叢林地裡充滿了闊葉植物和爬行的箭毒蛙；緩緩流動的沼澤底部有楓葉龜在發呆；被太陽曬得暖烘烘的砂丘下躲著肯亞砂蚺；溫帶森林裡則有壽命看似綿延無盡的東部箱龜踽踽獨行。

從桌面生物穹頂到房間大小的迷你叢林，無一不是世界各地的業餘愛好者親手打造出來的。結構的選項也同樣多元，只要一張信用卡再在網路上按幾下滑鼠，能讓你與眾不同的訂製自然飼育箱馬上就宅配到府。

第二章

選擇箱體

自然飼育箱的世界廣闊無邊,有著諸多的選擇和可能性,一般人確實會不知該從何著手。在決定任何方向之前,你應該要問自己一些問題:我想養的是什麼樣的兩棲或爬行動物?我的家或辦公室能容納多大的箱子?我必須花費多少時間和資源來打造我的自然飼育箱?讓我們話說從頭,直到我們找到所需的答案以及知識基礎。

兩種方法

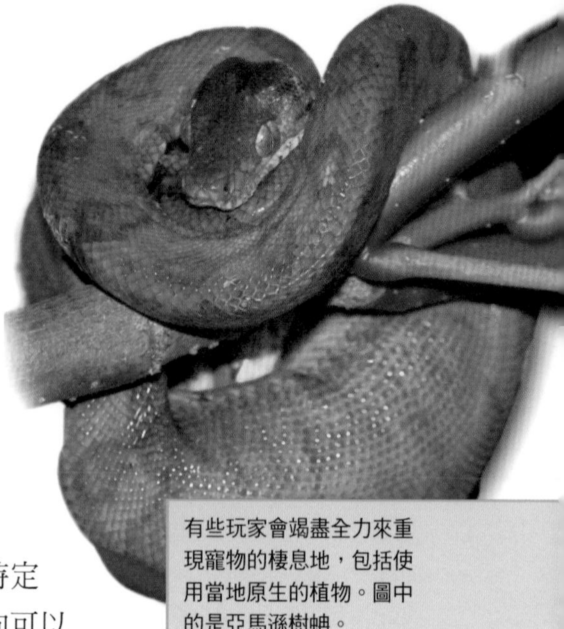

　　要開始打造新的自然飼育箱其中
一個最好的辦法就是，先決定你想要
飼養的兩棲爬行生物的種類。在你開
始為牠造一個家之前，盡你所能閱
讀關於該種動物的書籍，了解牠的
起源、飲食習慣與生活型態。等你了
解你所飼養的動物的需求，你就可以
開始動手了。

有些玩家會竭盡全力來重
現寵物的棲息地，包括使
用當地原生的植物。圖中
的是亞馬遜樹蚺。

　　打造飼育箱的第二種方法是研究特定
的生物群落與地球區域。這個研究方向可以
很廣泛也可以很有限。我所說的「廣泛」是指，
自然飼育箱也能被描述為「沼澤」或「沙漠」。這都是很概括、籠統的
描述，其中包括了廣泛的特徵與自然元素。比方說，一個普通的沼澤類
飼育箱可能會在水槽的一側放入六英吋（約十五公分）高的過濾水，另
一側則放入泥炭土、浮水植物、一截半浸入水中的木頭，以及要住在裡
面的虎紋鈍口螈。在這個基本的配置中，不管虎紋鈍口螈跟鳳眼藍是不
是同一個地理區域的原生生物，還是水裡面有沒有虎紋鈍口螈經常在野
外捕食的原生魚類，原則上都沒有太大的差別。

　　在業餘愛好者處理過廣義上的沼澤棲息地、累積了一些經驗後，他
可能會想要把這個棲息地擴大成一個更現實的特定生態系統。比方說，
奧克弗諾基沼澤棲息地當然就會包含了奧克弗諾基沼澤（位於喬治亞州
東南部的巨大沼澤）裡面的特有要素。這些元素可能包括從奧克弗諾基
河收集來的泥炭、酸鹼值與奧克弗諾基河相同的酸性水、半浸在水中的
維吉尼亞松木、一些睡蓮，以及河岸邊生長的茅膏菜和豬籠草。適合在
這個環境生存的可能有：大鰻螈、紅耳龜、小泥龜、牛蛙或南方豬鼻蛇。
如果你所居住的地方距離你所想重建的環境很遠，也不能輕易地（或合
法地）收集你所需的材料，那麼這種特定區域的自然飼養所可能會需要

數個月甚至數年的時間才能建造完成。不過，一旦完成後，觀察這個小棲息地與觀察現實生活裡的奧克弗諾基沼澤中的一個小角落，兩者幾乎沒有什麼不同。

危險的兩棲爬行動物

如今，有愈來愈多愛好者飼養著有毒爬行動物，以「危險」來形容這些動物並無不妥。飼養有毒的兩棲爬行動物最基本的原則就是注意安全、注意安全和注意安全！雖然說許多常見的有毒生物在非自然環境中也能活得很好，被養在生態缸裡面時，大多數的這些動物甚至會有相對較多的自然行為（較長的曬太陽時間、更常活動等），但如果有人疏於防範或是有朋友或孩子在不知情的情況下打開了飼育箱的蓋子，這些動物仍然有著致命的危險。為了這些動物和人類的安全起見，你有責任盡最大的努力去把這些動物關好。確保所有的蓋子都能牢牢地貼合飼育箱的架構；最好能用螺絲鎖緊蓋子。同時也要確保紗窗夠厚，厚到你的蛇沒有辦法穿過它；大型的蝮蛇可是很強壯的。

在我寫這篇文章的時候，我養著一隻年輕的南方銅頭蝮，也許我可以藉由詳細描述我自己的狀況來做為關於危險兩棲爬行動物的例子。首先，我把銅頭蛇的飼育箱放在車庫裡，遠離我房子的生活區域，如此一來，這條蛇在逃脫之後可能會選擇回到牠位於喬治亞州北部的棲息地，而不是我浴室的地板上。第二，我把飼育箱用螺絲固定在架子上，這樣就不會有人不小心把它打翻了。第三，蓋子是由較細的鐵絲製成，這樣的話，蛇既無法撐開也無法擠過網孔。蓋子本身嵌進飼育箱的架構裡，而且還用一把掛鎖鎖住，唯一的一把鑰匙被我藏了起來。除了上述這些，我還有最後一道安全措施，我在我家的每一個門栓上面都掛了黃色的小標誌，上面寫著：「內有毒蛇。」這能讓朋友或家人（可能還有警察或醫護人員）知道我家裡潛在的危險。記住，要是對有毒生物掉以輕心，任何人都有可能因此而受到傷害。人類和其他寵物可能會被咬傷並嚴重受傷，毒蛇也可能會受傷或被殺。如果一個飼主的意外而導致當地或州級官員通過限制飼養有毒爬行動物的法令，這也會造成其他同好的損失。為了所有人的利益著想，請記住：注意安全、注意安全、注意安全！

箱體

第一個步驟是搞來或自己做一個箱體，通常是水族箱或是魚缸。最好的箱體應該要能拿來當作水族箱用，這樣才能確保它完全密封且保留水分。

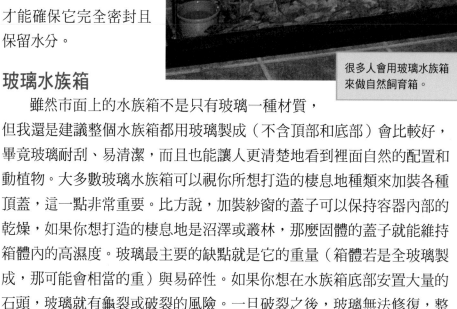

很多人會用玻璃水族箱來做自然飼育箱。

玻璃水族箱

雖然市面上的水族箱不是只有玻璃一種材質，但我還是建議整個水族箱都用玻璃製成（不含頂部和底部）會比較好，畢竟玻璃耐刮、易清潔，而且也能讓人更清楚地看到裡面自然的配置和動植物。大多數玻璃水族箱可以視你所想打造的棲息地種類來加裝各種頂蓋，這一點非常重要。比方說，加裝紗窗的蓋子可以保持容器內部的乾燥，如果你想打造的棲息地是沼澤或叢林，那麼固體的蓋子就能維持箱體內的高濕度。玻璃最主要的缺點就是它的重量（箱體若是全玻璃製成，那可能會相當的重）與易碎性。如果你想在水族箱底部安置大量的石頭，玻璃就有龜裂或破裂的風險。一旦破裂之後，玻璃無法修復，整個飼育箱就必須重頭來過。

壓克力水族箱

第二種常見的材質是壓克力。壓克力是一種堅固、幾乎牢不可破的塑膠，由壓克力製成的水族箱比同尺寸的玻璃水族箱要輕上許多。雖然它很耐用，但在我看來，如果是要做為長期的自然飼育箱，它還是有幾項致命的缺點。如果你用壓克力水族箱來打造一個沙漠棲息地，很快你就會發現壓克力板被棲息地的岩石和砂子所刮傷。這些細微的刮痕日積月累會對外觀造成磨損，不只阻礙飼主觀察飼育箱，也影響到裡面的生

物往外看的視野。

壓克力的另一個缺點是它的多孔性。與玻璃不同的是，壓克力表面有細小的凹角和裂縫，雖然說這些凹角和裂縫小到要用顯微鏡才看得到，但也正是因為小，所以才麻煩。藻類是單細胞的類植物生物，當它們生長的時候，這些微小的細胞會固定在任何能夠容納它們的地方，包括這些壓克力容器的孔隙。

如果你想打造的是沼澤、叢林或是其他較潮濕的棲息地，當藻類沿著水族箱壁生長時，會有少量的藻類鑽進孔隙中，飼主在清理的時候，這些藻類會成為刷子的漏網之魚，它們會隨著時間會逐漸填滿水族箱水平面下或是藻類生長處的所有孔隙。壓克力會因為這些不速之客而變成碧玉色或橄欖色，而你拿它們一點辦法也沒有。這種髒髒的顏色在讓人倒盡胃口的同時，也嚴重限制飼育箱與其中動植物的可見度。

壓克力缸的最後一項缺點在於：它的結構往往無法兼容多種的蓋子。大多數的壓克力缸是為了養魚而設計的；因此，蓋子通常都是整片的，大氣與裡面的氣體交換相當有限。由於良好的空氣對流對大多數的自然飼育箱至關重要，所以一個會影響到空氣循環的蓋子顯然是對飼育箱壽命的不利因素。如果你真的要選擇壓克力容器，我強烈建議你選購專門為飼養兩棲或爬行動物而設計的箱體，而不是一般市面上用來養魚的那種。

許多愛好者都建議採用正面開口的、門用玻璃製成的壓克力容器來打造自然飼育箱。

木製箱體

有一種箱體是你**絕對**要避免採用的，那就是自製的木製箱體。我年輕的時候曾擁有過這玩意兒，現在我認為不管在什麼情況下，木製箱體都不能拿來做自然飼育箱。玻璃和壓克力都是完全的惰性材料，換句話說，無論你往裡面放什麼，它們都不會因此產生反應。相對的，幾乎不管你放什麼進去都會對木製箱體造成影響。潮濕的材料，像是泥炭、苔蘚、大多數的土壤、松樹枝、樹葉、護根層，這些含有水分的材料都會浸濕木製的自然飼育箱。一旦變得潮濕，木頭便會開始分崩離析，裡面的東西會洩漏出來，最後自然飼育箱會整個垮掉。

最後，木頭不適合做為自然飼育箱的材質，還有一個很實際的因素，那就是它會吸收氣味。兩棲或爬行動物排泄後，其排泄物會釋放出各種的氣體。這些氣體中的分子會被箱體的木壁所捕捉。即使將所有排泄物清除掉，箱體內殘留的分子仍然會散發出難聞的味道。隨著時間，被木壁所捕捉的分子只會愈來愈多，而箱子也會愈來愈臭，令人避之唯恐不及！

尺寸、形狀與風格

在你選定想要的箱體型式後，你還要考慮自己想要的是什麼樣的風格。你所選擇的箱體形狀、大小和樣式會對你所要飼養的生物群落有很大的影響。比方說，如果你要在落葉森林的生物群落中飼養一對糙鱗綠蛇，一個三十到三十六英吋（七十六到九十一公分）高的六角形玻璃水族箱就是個完美的選擇。箱體的高度能讓飼主放入大量的樹枝、人工或天然的植栽以及藤蔓。因為糙鱗綠蛇是一種高度樹棲的物種，在這樣一個高而垂直的自然環境中，牠會如魚得水。木守宮、樹蟒和小型蜥蜴也可以在這樣的垂直環境裡悠然自得。

另一方面，這樣的高水缸可能就不太適合飼養小型哥夫蛇的同好。這些蛇會愈來愈大隻，而且由於牠們會在晚上四處遊蕩尋找獵物，所以牠們喜歡在水平空間裡面爬行。因此，對於哥夫蛇來說，長而寬的水缸

會比高而窄的水缸更為合適。大型巨蜥、烏龜、小型陸龜和其他有著笨重身體的蛇類也可能會比較適合長而寬的飼育箱。所以說，在購買箱體之前，你需要了解這種箱體適合哪一種的兩棲爬行動物。高而窄的箱體適合樹棲物種，長而寬的箱體則適合陸棲或穴居物種。

　　還有個問題需要考慮，那就是箱體的開啟方式。它是從頂蓋打開的嗎？還是用滑門從前面或後面進出的？這兩種方式的箱體都可以用來打造自然飼育箱，但這兩種也都有各自的優點與缺點。在我看來，從頂蓋打開的設計適合那些腳步飛快的

大多數情況下，網狀的籠子並不適合用來做自然飼育箱，除非如果你想飼養的是變色龍或其他樹棲物種。

蜥蜴和小型的蛇類。塑膠或金屬材質的蓋子加上金屬或尼龍的網子能使通風良好，並能讓陸棲的小型兩棲爬行動物安全地待在自然飼育箱裡面。這種形式的開口也適用於內部有大量的水的自然飼育箱，因為叢林或沼澤類型飼育箱的底部和側面需要完全密封以防止漏水。

　　滑門類型的開口則比較適合壁虎等樹棲物種或巨蜥等大型動物。這種類型的箱體通常有一個可滑動的玻璃板或是在軌道上的滑門。你可以把那些可以自己把頂蓋打開並逃脫的強壯物種安全地養在這種箱體裡面，因為這類滑門類型的箱體大多有著某種鎖定裝置。樹棲物種天生就會向上爬來尋求自由，通常會從上方沒有鎖好的蓋子脫逃，但牠們卻鮮少從低處的滑門脫逃，畢竟這對於樹棲物種來說這個路線不太自然。不過，如果你飼養的是小型陸棲蜥蜴或蛇，那我也不建議你用滑門類的箱體，因為滑門間的縫隙雖小，但卻可能足以讓襪帶蛇或絲帶蛇等小型蛇類從中逃跑。

玻璃滑門即使在關閉的時候也無法防水，這意味著，如果水位高於滑門底部的軌道，那就無法打造水量較多的自然飼育箱了。說到滑門的軌道，還有很重要的一點需要注意，豆礫石、砂子和其他顆粒狀的底材很容易卡在軌道裡面，還會隨著時間愈積愈多，這可能會導致滑門打不開或關不起來。許多兩棲或爬行動物就是這麼從沒有關緊或密封的自然飼育箱裡面跑出來的。

兩棲爬行動物專用箱體

在過去的幾年裡，為兩棲爬行動物相關業界所生產的箱體數量大幅度地增加了。許多公司都生產數種不同類型的箱體。

輕盈、通風的「變色龍專用籠」可以用大型的尼龍網包覆金屬或塑膠框架製成。為了給蜥蜴提供充足的空氣對流，除了爪子無法穿過網格的小型樹棲物種外，其他的物種都非常不適合飼養在這種箱體之中。適合這種箱體的物種包括：變色蜥、褐冠蜥、雙冠蜥和赤尾綠錦蛇。大型或體重較重的物種就有可能會破壞尼龍網逃跑。如果你發現籠子的織物

有了空間和資源，你所能創造的自然飼育箱僅受限於你的想像力。

上有小裂口，那就意味著你該換種籠子了。某些盆栽植物可以放在這種箱體的底部，藤蔓植物也能在裡面生長，但整體效果並無法滿足自然飼育箱的基本需求。

如果要打造一個小型的自然飼育箱，所謂「叢林飼育箱」風格的箱體會是很棒的選擇，這種籠子的形狀像是一個玻璃立方體，它有一個堅固的下半部，這樣潮濕的土壤或水源就可以被保留在箱體裡面而不會流出來。箱體的上半部前面有個可以上鎖的絞鏈玻璃門，可以向外打開，讓業餘愛好者得以清潔、修剪和維護自然飼育箱。叢林飼育箱的頂部有個可以上鎖的網格蓋子，為箱體內的住戶提供良好的通風環境。雖然在零售店所能看得到的箱體通常不是很大（較大的型號可以另外向專家訂購），但這些箱體的設計用來打造各式各樣的生態景觀就已經很棒了。這些箱體可以容納水源，所以能用來打造沼澤飼育箱；由於通風良好，所以也可以用來打造沙漠飼育箱；在某種程度上，這種立方體形狀的可以直立或橫置，無論用來飼養樹棲或陸棲兩棲爬行動物都很適合。

第三章

底材

正如我們在前幾章裡面學到的，自然飼育箱的材質五花八門，底材的選擇也同樣繁多。寵物店和網路上販賣著各式各樣的底材：玉米芯、白楊片、椰子殼、蛭石、珍珠岩、盆栽土、松樹皮、樹皮等。多樣的選擇可能令人無所適從，並非所有的土壤和底材都有同樣的作用，在化學性質上也各有不同，更不是所有的土壤和底材都適用於舊式的自然飼育箱。

想好要養什麼樣的動植物之後，你就得選擇一款適合牠們的底材。

植物與底材的交互作用

　　在我們開始討論不同底材與其品質之前，業餘愛好者們可能得先面對一個大哉問：飼育箱裡面的植物要怎麼種才好？如果你只打算在箱體裡面種一點點植物，那你可以把植物連盆子一起埋在箱體的邊緣。照顧的方法也很簡單，在植物根部周圍澆水就可以了。如果你需要移動植物到箱體的另一個角落或是將它完全移植到其他地方，只要把盆子挖出來，再移到別的地方就行了。如果你打算採用這種做法，也沒有要將植物直接種在飼育箱的底材裡面，那你選擇什麼樣的底材就沒那麼要緊。然而，選擇一個能在你想要打造的生物群落中起作用、並能滿足在其中生活動物的需求的底材還是挺重要的。

　　如果你是屬於把植物直接種進飼育箱土裡面的那個派別，那你就得要非常小心地選擇底材的混合比例，才能讓你的植物成長茁壯。在一開始選錯了底材是很要命的，你種的植物死光光也別太意外。（在後面的章節裡面，我們會對植物的種類與其底材需求有更進一步的討論。）

底材的種類

　　如果你對培養生命的興趣僅止於植物，那麼除了擔心要怎麼讓你的植物長得好、長得棒之外，你就不需要煩惱別的了。但要是你把兩棲或爬行動物加進去這個生態系統裡面，那你選擇的底材種類就必須同時滿足動物**與**植物的需求。比方說，如果你選擇飼養的兩棲爬行動物是穴居類型的，那麼底材就得要夠鬆軟，牠們才有辦法在上面鑽洞。

培養土

　　大多數的新手在打造自然飼育箱的時候，最先做的事情就是找培養土。雖然這樣的行為不是不能理解，但它其實是錯的。培養土是有機物與無機物的混合，它只適用於盆栽。培養土在良好的排水狀況下能幫盆栽或是掛籃式的植物保持適度的水分，但在飼育箱裡面，培養土會把水分留在飼育箱的最底部。飼育箱裡面的濕度因此不會維持得太高，這是件好事，但相對的，水分的蒸散作用與毛細作用卻會被限制住，這就不太妙了。（毛細作用能使底材從箱體底部將水吸到較高處，從而能讓水分被植物的根部所吸收或蒸發到大氣之中。）被困在培養土底部的多餘水分會開始腐化、發臭，然後變成細菌與真菌的天堂。

　　無法維持穩定的濕度還會產生第二個問題。由於水滲透進土壤底部，導致栽植在土壤底材上的植物很快就會出現乾旱的跡象，像是發黃的葉子和下垂的莖幹。業餘愛好者們看到這個信號，很自然地會往箱體裡面澆水。過了幾天，這些植物又顯露出乾枯的樣子，於是業餘愛好者

請對外面的土壤說不

直接在家外面或是花園裡面挖土來用？聽起來很棒，但這卻是個徹頭徹尾的錯誤。這些室外或說「野外」的土壤可能會讓無數的植物和花朵在室外活得頭好壯壯，但一旦進入室內，它們的表現可就會大不相同。在任何人工製造的環境裡面，這些室外的土壤都很容易凝結、硬化，吸水能力很差。紮根在這類土壤裡面的植物最終都會在土壤的擠壓中窒息而死，所以還是把那些土壤留在室外就好了。

們又繼續澆水──但與此同時，這些水分正滲透過土壤，蓄積在箱體的底部。箱體最後會變得髒亂不堪、臭氣薰天，幾乎不會有植物能在這樣的環境生長，更別說會有兩棲爬行動物能在裡面過上幸福美滿的日子。

如果我都已經講到這個地步了你還對培養土念念不忘，那我再提醒你：很多培養土裡面都加了化

培養土通常含有殺菌劑和化學肥料，所以並不適合用在自然飼育箱中。

學肥料、殺蟲劑、殺菌劑、除草劑乃至於其他危險的農藥，這些添加物在你只種植物的時候或許不錯，但把兩棲爬行動物放進去的話，牠們不死也半條命。幾乎所有兩棲動物的皮膚滲透性都只有好跟很好而已，只要待在受汙染的土壤上，牠們就會將這些化學物質吸收進自身的血液當中。即使是有著鱗片或厚重皮膚的爬行動物也別想幸免於難，因為許多的農業化學製品都會釋放出少量的有毒氣體，這些氣體會在飼育箱的封閉環境中持續累積，要麼是對你的寵物的呼吸系統造成嚴重的傷害，要麼就是溶於水中，然後再被你的寵物喝下肚。無論這些物質是怎麼進入體內的，它們都會造成你的寵物不適甚至死亡。

既然培養土在自然飼育箱裡面會造成這麼多問題，那為什麼它還是這麼受歡迎？其原因在於，跟其他專業的底材相較之下，培養土很容易取得，價格又很低廉。但千萬別因為它的方便性與低廉的價格就選擇它。在選擇底材的時候選擇培養土也許會讓你省下一點錢，但你會因為土壤污染而得不償失，何必呢？

泥煤蘚（Peat Moss）

另一種常被業餘愛好者誤用的底材是泥煤蘚。泥煤蘚生長於世界各地的沼澤、泥塘和腐殖的窪地裡，是一種強酸性的有機土壤，適度使用或是少量地混到其他底材中都是有益的。然而，如果過度使用的話，泥煤蘚也會造成一大堆的問題。

首先，泥煤蘚的保水量相當驚人。少量的泥炭就跟海綿沒有兩樣，如果把泥炭層在箱體裡放得太深就會有排水的問題。如果植物不習慣於潮濕的環境，紮根在潮濕的泥煤蘚上要麼爛掉，要麼窒息而死。泥煤蘚，尤其是潮濕的泥煤蘚，密度很大很大非常大。居住在美國喬治亞州南部奧克弗諾基沼澤的拓荒者和原住民甚至會挖出大塊的泥煤蘚，在風乾幾星期後，等到冬天就能拿來燃燒取暖了。這些泥煤蘚塊的密度大到每塊都能在壁爐裡熊熊燃燒，活像是結實的木頭。植物要想生長在上面就必須要讓它們的根穿過如此密集又不適合生存的底材，很少有植物能在這樣惡劣的環境下苟活。

由於其酸性的特質，泥煤蘚會殺光其中幾乎所有的微生物，你會需要在底材中另外培養細菌分解舊有的生物、培養真菌讓植物的根部吸收

相信你的鼻子

你在飼育箱裡面使用的底材應該要能使生物在上頭繁衍生息，所以說，你的底材會有一種味道，但不是那種令人討厭的味道。活性的底材會有豐富的泥土氣息。因排泄物產生的惡臭可以藉由清洗或清除相關物質來解決，不要一次養太多動物在裡面也可以或多或少改善氣味。如果有發霉或潮濕的味道，那可能意味著有黴菌或真菌在底材中撒歡。對於那些只是有點髒的底材，你可以稍微讓它風乾（打開蓋子，每隔幾小時攪拌一次），種植其他植物或加入一些分解中的葉子，這都能使情況獲得改善。不過，如果底材太酸、太臭或是黴菌太多，這些都會對兩棲或爬行動物造成嚴重的健康威脅。你必須立刻把這些底材從箱體中取出，並用另一種活性的、可用的混合物替換它。

在試圖打造一個沼澤飼育箱時，泥煤蘚（圖中是還混合了腐木）是一種很有用的底材。

水分與養分，還有其他有益的生物。泥煤蘚的密度過大、酸性太強，使得這些生物都無法在飼育箱裡面生存。由於天然有益的生物無法在泥煤蘚裡面生存，因此泥煤蘚底材裡的生物活性將持續保持在最低。

隨著時間的推移，排泄物和其他生物廢料將會累積在底材中。如果沒有細菌和真菌來把這些廢物分解成植物可吸收的形式，這些廢物最終會在土壤裡達到飽和，使土壤和水都具有毒性。這些有機毒素對所有兩棲動物都是一種威脅，它們會很輕易地滲入牠們的皮膚、造成中毒，在幾天或甚至幾小時之內就能殺死一隻兩棲動物。大多數的爬行動物對這種形式的毒素較有抵抗力；牠們最初的徵狀會是因為身體部位持續接觸受汙染的底材而造成的潰瘍、損傷或化膿。

無論如何，在你把昂貴的熱帶植物種在泥煤蘚上之前，都請先做好功課，因為酸性的環境是許多物種都無法忍受的。

泥炭蘚（Sphagnum Moss）

如果你需要一種輕盈、通風，又幾乎可以適用於任何非乾旱風格的自然飼育箱，那麼泥炭蘚就是你最好的選擇。泥炭蘚和泥媒蘚非常相似，有些泥媒蘚就是泥炭蘚分解之後的產物。但在形成時間尚短的時候，泥炭蘚並不像古老又徹底腐爛的泥媒蘚那麼酸。泥炭蘚是一種質輕而粗糙的素材，它能讓空氣流通，排水性絕佳──水蘚的藻體能保留水分，而藻體與藻體之間的空隙又能讓多餘的水分流出。蘭花和鳳梨科植物在

泥炭蘚中絮根時表現尤其良好，其他各類叢林和森林植物也有不俗的表現。有些植物會比其他飼育箱裡面的生物需要更多水分，你只要每隔一天在這些植物根部周圍噴灑一層水霧就能滿足它們的需求。如果我在一種喜濕植物的根部周圍使用泥炭蘚，我就能輕鬆滿足它的水分需求。基於這個原因，泥炭蘚通常只會用在需要它的植物周圍，而不是塞滿整個箱體。你可以把泥炭蘚當作是飼育箱底材上的裝飾；少量使用時效果最好。

　　泥炭蘚的唯一缺點是價格過高，在市面上相對少見。泥炭蘚通常是從野外採集而來，而這個採集速度又大於其補充速度。因此，有一些「冒名」的苔蘚會被包裝成泥炭蘚出售。這些冒名的苔蘚大部分有益於一些植物物種，但對於許多瓶子草屬的食肉植物物種則具有毒性。當你在購買泥炭蘚時，要確保你買到的是真貨，而不是一堆廉價的苔蘚。

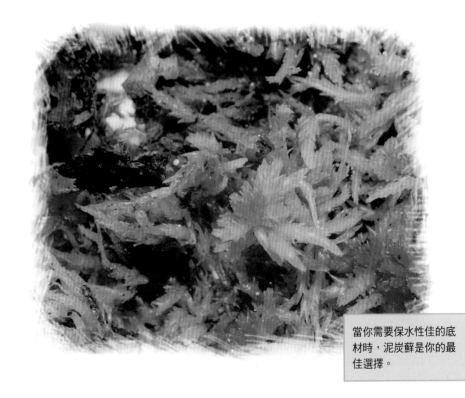

當你需要保水性佳的底材時，泥炭蘚是你的最佳選擇。

蛭石

　　蛭石以其極輕的重量、透氣性和恰到好處的保水性而著稱，在園藝家和專業爬行動物飼養者中很受歡迎。蛭石也是孵化爬行動物卵的最佳介質。然而，在自然飼育箱中，若是蛭石保留了太多的水，很可能會使植物的根部窒息。蛭石的「保存期限」也是所有飼育箱的底材中最短的一種，它會迅速分解成一種厚厚的、像黏土一般的物質，而在這種物質中，幾乎沒有任何植物能夠生長。放了太久的蛭石在經過長時間的擠壓後，從飼育箱裡面拿出來時簡直就跟磚頭沒有兩樣。然而，少量的蛭石還是有益的。當它分解時，它會釋放微量的鎂和鉀，這兩種物質對植物的生長都很重要。將少量蛭石與其他底材混合是提供植物這些微量元素的好方法。

珍珠岩

　　另一種不應該出現在飼育箱裡面的底材是珍珠岩。珍珠岩也是園藝師常用的一種質輕、通風的材料，但基本上它跟木炭差不了多少，在自然飼育箱裡面根本派不上用場。它的唯一功用就是浪費你寶貴的空間，這些空間你大可以放上其他更有用的底材。由於其明亮的白色，珍珠岩用在自然飼育箱裡面尤其格格不入。不要用它。

浮石

　　如果珍珠岩有一個邪惡的攣生兄弟，那肯定就是浮石了。浮石是一種石質材料，廣泛被運用在盆栽領域，用以增加密集栽種時的排水和通風。但放到自然飼育箱裡，浮石的多孔性會使其每一個小縫

許多兩棲動物都會在泥炭蘚上進行繁衍。像這隻雄性曼特蛙就正守護著在牠泥炭蘚上的卵。

排水的岩石

雖然排水，或說讓水從上層底材流到飼育箱底部的能力，並不是在每個環境中都很關鍵，像在沼澤類的環境就不是那麼重要，但在森林、叢林或沙漠類的飼育箱中就很有用了。在你的飼育箱底部放一層岩石，大約底材三分之一的深度，來建立排水系統。比方說，如果你有一個四英吋（約十公分）的可生長底材層，那麼一英吋（約二點五公分）的岩石排水層就差不多了。為什麼排水很重要？因為植物雖然需要土壤中的水分，但根部周圍如果水太多的話，植物也是會淹死的。因此，用一層岩石來墊高你的底材，讓多餘的水分可以流過植物根部，以這樣的方式來去除積水，你飼育箱裡面的植物才能夠成長。在建造排水層時，熔岩岩石是你最好的選擇，因為這些多孔的岩石不太會起反應，而且分解速度極為緩慢。

都成為細菌的天堂；排泄物等物質也可能會聚積在浮石的孔隙裡，孳生異味和有害細菌。更糟的是，浮石看起來和各種鈣基石頭很像，所以許多蜥蜴和鱷魚都會把浮石吃進肚子來試圖補充鈣和其他礦物質。鈣基石頭會在爬行動物的腸道中分解，但浮石可不會。浮石會塞滿腸道，如果不帶去給獸醫進行緊急手術移除這些石頭，蜥蜴或鱷魚將面臨的，是一場漫長、緩慢又痛苦的死亡。千萬不要把浮石放進自然飼育箱裡面。

木屑

幾乎在每家寵物店都可以買到各式各樣的木屑或碎樹皮。雖然在自然飼育箱裡以適當的方式使用正確類型的木屑或樹皮會很有用，但有些木屑和樹皮仍然應該要被列為永久禁止往來戶。

要避免的第一種木屑（這裡指的是任何形式的碎木片，包括：片狀、塊狀、條狀等）是鮮紅色、氣味濃烈的雪松片。這種木屑主要是老鼠、倉鼠或其他小型動物的飼主在使用的，這種氣味濃烈的底材非常適合用來掩蓋哺乳動物在箱體中所產生的惱人氣味，進而讓飼主可以減少清理籠子的頻率。這種木屑氣味之所以如此濃烈，主要是來自木材中的樹脂。

當這種木屑被放到自然飼育箱裡，這些木屑會將樹脂散發到底材當中，並汙染其他底材。這些樹脂不僅會殺死植物自然成長所需要的有益細菌與真菌，甚至還會滲入生活在飼育箱當中的兩棲動物皮膚之中，引發其劇烈不適甚至死亡。爬行動物也無法倖免，因為這些刺激性的油脂會隨著時間而對嗅覺與呼吸器官造成不可逆的損傷。

各式各樣的樹皮混合物是做為底材的組成要素，不能整個底材都用樹皮組成。圖中是闊葉木的樹皮（上層）和柏木的樹皮（下層）。

生活在北美圓柏或雪松木屑中的兩棲爬行動物往往會情緒緊繃、拒絕進食、減少飲水，並會持續嘗試逃離不適合牠們生存的環境。

大量的樹皮是自然飼育箱極佳的填充物。蘭花樹皮（常用於栽植蘭花而得名，並非指蘭花的樹皮。）是從不同的冷杉樹剝下來的大大小小的樹皮塊組成。這種樹皮是木材工業的副產品，即使它是從樹上被剝下來的，但它並不含有常綠樹木內的有害樹脂與油脂。然而，我們仍需避免使用紅木、松樹和桉樹的樹皮，因為這些樹皮含有大量的樹脂和油脂。無害的蘭花樹皮分解較為緩慢；因此，它可以被添加到生態缸中，做為底材混合物的一分子，藉以增加通風與排水，有利於蘭花、鳳梨科植物和其他熱帶植物在叢林類的生物飼育箱中生長。如果將蘭花樹皮放在密度較高的底材混合物上，蘭花樹皮能有效地幫助底材保持水分，如同自然森林地面上的落葉層一樣。要是你需要一個穩定濕度的飼育箱來種植苔蘚和蕨類植物，它會是你的好選擇。

椰棕纖維或椰子殼

　　「椰棕纖維」是園藝業對於「磨細的椰子殼和椰絲纖維」的稱呼，是用於飼育箱最好的自然產品之一。這些殼在自然環境中極為粗糙，業者會將其研磨成輕盈、通風的物質後，包裝成磚狀或塊狀在寵物店販售。只要把這個「磚塊」放進溫水中、靜置一個晚上，椰棕纖維就會膨脹至原有的尺寸。水桶記得挑大一點的，因為即使是一小塊的椰棕纖維，其膨脹率也相當驚人。椰棕纖維不僅可以有效地增加底材混合物的通風性，還能有助於保持重要的水分，並允許植物根部周圍的有益細菌與真菌生長。此外，椰棕纖維也是一種黏合劑，能有助於將底材充分、均勻混合。這種特性能促進植物生長，並為飼育箱增添生機。

　　椰棕纖維還是有幾項為數不多的缺點，其中一項就是，依照它的採收方式與地點，它的含鈉量可能很高。由於椰子樹原產於熱帶海岸，大部分的海鹽在經過加工、運輸到寵物店的過程後，仍被保留在椰棕纖維當中。過量的鈉不利於植物生長，它甚至會抑制有益細菌和真菌的生長。好在，你可以泡水、讓椰棕纖維膨脹，然後反覆清洗（用有著細網眼的網子）它來洗掉多餘的鈉，然後再把它放入飼育箱裡面。

土要怎麼洗？

許多業餘愛好者可能會因為某些原因而希望能在把底材放進飼育箱之前先將它們洗一遍，可能是因為液肥太多，也可能是因為灰塵太多，但無論如何，清洗底材都是一項艱鉅的挑戰。那要怎麼清洗土壤又不把它洗掉？

我有一個行之有年的做法。首先，把要清洗的材料放進乾淨的大桶子裡。用水裝滿桶子，淹過這些材料。如果這些材料只是沾了太多灰塵，這些灰塵通常會浮在水面上，微微傾斜桶身，把上層帶著灰塵的水倒掉，留下底層所需要的材料。清洗完之後，把這些材料倒進大毛巾或毯子裡包裹起來，扭轉毛巾的兩端來擠壓包裹住的材料。隨著你用力扭轉，榨出的水分會愈來愈多，持續扭轉，直到毛巾不再滴水為止。把毛巾打開，你就會看到清潔溜溜、乾乾淨淨的素材了。

做為底材的椰子殼還有以另一種形式，那就是椰殼塊。椰殼塊是直接裁切椰子殼製成，這些堅韌的立方體能提供比其他底材更好的排水與通風。它們對叢林類飼育箱的底材來說是很棒的添加物，它們能讓蘭花和鳳梨科植物創造一個完美的棲息地。在無脊椎動物（如：狼蛛、蠍子和蜈蚣）的自然飼育箱中，椰殼塊也是地表覆蓋物的好選擇。因為穴居物種可以輕易地移動這些椰殼塊，而且椰殼塊不僅能夠允許水從其表面排出，更能保留足夠的水分以維持較高的相對濕度，這對於許多熱帶的無脊椎動物尤其重要。椰殼塊和椰棕纖維應該先經過至少兩次的沖洗、乾燥流程，然後才能放進自然飼育箱的底材中。

地面棕櫚

還有另一種來自熱帶的優秀底材，那就是地面棕櫚。如果把這種由棕櫚樹皮和樹葉製成的質輕、粉狀底材與其他密度較大的底材混合起來，那會相當好用，運用在潮濕的環境當中時，它能夠為混合物增加通風。這種底材更因為其培養菌落與真菌的能力而大受好評，它所培養出的菌落有助於植物的生長以及廢物的自然分解。如果在乾旱環境中使用，地面棕櫚也能使底材的重量變輕、密度

枯枝層可以做為底材的組成元素，也能做為底材上的覆蓋物。

變小，繼而使底材更適合穴居物種生存。和其他椰子的副產品一樣，棕櫚葉非常堅硬、分解也比較緩慢。不過地面棕櫚還是有幾項缺點，像是較難取得、比其他底材價格更高等。

枯枝層

在叢林、森林或林地環境的飼育箱中，最萬能的底材大概非枯枝層莫屬。在灌木和樹木的根部周圍所發現的枯枝層是最好的、生態學上最有益的材料之一，你可以把它天加到自然飼育箱的底材上。葉子會以自然的方式堆積在森林的地面上，並依照它們所在的深度會有不同的分解速度。頂端的落葉通常比較乾燥，分解也較為緩慢。頂部的葉子主要是用來保護下方的葉子，避免陽光直射（這對許多種細菌和真菌都很致命），並讓下方的葉子保有更多的水分。在落葉層深處的葉子更黝黑、更潮濕，腐爛的程度也更高。最底部的葉子幾乎分解成厚重、漆黑的土壤。每年秋天，當樹葉從樹枝上掉落，新的落葉會覆蓋在地表上，重新開始堆肥的週期。

這種樹葉堆肥的循環是對森林生態系統極為重要的一個自然過程。在樹葉的深層有著大量的有益細菌、真菌和其他被稱為食碎屑者的生物。食碎屑者（顧名思義，就是「廢物進食者」）負責將死去生物中的化合物轉為可用的物質，使其再次被植物所吸收。如果沒有食碎屑者，所有的東西都不會腐爛，所有的營養都會被封存在死去的動植物體內。而這種貧瘠、毫無生氣的環境正與自然飼育箱背道而馳。藉由在飼育箱的底材中添加大量的堆肥葉，你可以在其中培養出好的細菌和食碎屑者。如果你希望在飼育箱中建立一個生機勃勃的生態系統，那這些食碎屑者都是不可或缺的。

除了自己到野外收集（作業時，記得只要收集腐爛的葉子就好，別把下面的土壤也收集起來了）之外，你也可以在五金行或是園藝苗圃買到堆肥葉子。購買或收集樹葉的時候，你必須要確切知道自己拿到的是什麼東西，在飼育箱裡面，各個葉種之間會產生的反應極為不同。如果

放葉子？
不放葉子？

不是所有的堆肥葉都適合放到底材裡面。有些種類較為堅韌、持久，且能夠為你的底材添加一定程度的生物活動像是山核桃、橡樹、榆樹、樺樹、櫻桃樹、楊樹、三角葉楊、柳樹、冬青樹、白蠟樹、海棠、梨樹，以及由黃楊木和女貞灌木叢落下的小葉子。使用冬青葉的時候要小心，因為有些品種的葉子刺很多，可能會對體型較大的陸棲生物或軟體兩棲動物有刺激性。不過，在它們分解之後，這些刺激性很快就會消失了。當然，還有一些其他的葉子也不應該被放進飼育箱裡面。這些品種要麼是分解速度很快，要麼是會散發有害的化學物質，這些化學物質會損害或抑制底材內有益細菌或真菌的生物活性。這些品種包括：美國楓香、鼠尾草、牧豆樹、美國鵝掌楸、楓樹、木蘭、桉樹、夾竹桃、紅千層和大多數堅果樹。所有的常綠植物和杉木針都應該避免，除了你的飼育箱對這些物種有特別的需求。

你對特定的堆肥或混合物不是很清楚，你可以詢問商家的園藝家或駐店專家。告訴他你對於飼育箱的計畫，也許他能引導你朝正確的方向前進。

砂子或碎石

最後還有一種底材值得一提，那就是砂子和碎石。雖然我們會在下一章對其有進一步的討論，但砂子和碎石不管在沙漠還是沼澤環境中都相當有用。在沙漠環境中使用的時候，砂子當然是底材的主要成分，但也不是每一種砂子都一樣。氧化矽基砂（放在庭院或是兒童砂箱是其典型用途）是很鬆散卻又銳利的砂子。除了建造砂丘或是撒哈拉沙漠的飼育箱外，這些砂子基本上一文不值。石灰岩砂是一種蒼白的白堊質砂，它和鈣基砂一樣，由於其鹼性的性質無法使植物生長，一般不會將其使用在生態缸裡面。（然而，如果你是想要提高土壤的酸鹼值，那這種砂子就對你有用。）相對的，你應該找些堅硬的天然岩石，像是花崗岩砂、砂岩砂，甚至火山砂。這些東西要花的錢比較多，而且通常只在生態缸的經

銷商、採石場或專業的造景公司出售，但多付出的金錢和努力絕對讓你覺得值回票價。

底材的採買

　　雖然本章所述的每種組件在飼育箱中都各有其優缺點，但這些組件很少專為打造飼育箱而出售。業餘愛好者經常得從苗圃或農場間，一個找過一個，費盡千辛萬苦才能找到打造自然飼育箱所需要的全部組件。如果你有時間也有金錢，我強烈建議你多花點精力去收集所有最好的飼育箱用品。如果你想要一步登天，在一個包包裡面就可以找到你所需的一切，那你可能要失望了。雖然說市面上的底材包裝五花八門、種類繁多，但我還沒看過有哪個可以包含我們上面所說的全部東西。別誤會我的意思，這些袋裝混合物有些是比其他的同類產品要好，有些甚至能說是好上很多（記得在購買前詳閱每種混合物的成分），但畢竟沒有一種是完美的、能夠獨立運作的。簡單來說，你還是**必須**把幾種不同的底材混合再一起才能打造出一個自然飼育箱，讓植物和有益的微生物得以在裡面生長。確切地說，你所使用的材料以及你配置的方式都取決於你打算弄出個什麼樣的自然飼育箱。至於什麼樣的底材適用於什麼樣的飼育箱，這點我們將在後面的章節討論。

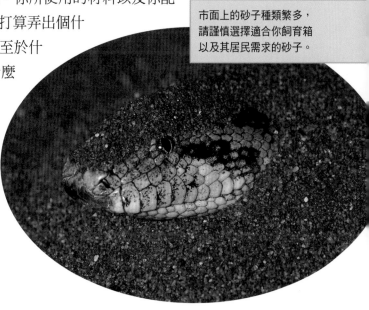

市面上的砂子種類繁多，請謹慎選擇適合你飼育箱以及其居民需求的砂子。

第四章

岩石

地球上的每一種環境都能看到岩石的身影，所以無論是在特定區域的化學成分、協助維持地貌、提供抵禦水和風的穩定性上，岩石都扮演著極為重要的角色。

你愈接近大自然的法則，就愈能增加手中小型生態系統成功的機率，而這就是為什麼你需要在飼育箱中增加各種岩石的原因。森林類棲息地可能會有從土壤中突起的巨石或花崗岩，做為溫帶蛇類的窩和藏身處。沙漠類棲息地上四散著大大小小的岩石，上頭有熱愛日光浴的蜥蜴和原生在該種乾旱環境的蛇。沼澤類棲息地的底材底部也有一層砂和碎石，它們能有緩衝的作用，有助於防止洪水氾濫並保持該生物群落的酸鹼值。因此，除了少數例外，缺少了岩石，你就無法準確模擬出目標的生物群落。

然而，岩石的優點絕對不僅止於它們在各種環境的適用性。它們是許多兩棲與爬行動物生活中不可或缺的一部分。牠們會爬上石頭、曬太陽、吸收餘熱；牠們會躲藏在石頭下，以逃避掠食者的追捕或正午陽光的灼熱；牠們在石頭與石頭間狩獵；大多數的蛇類還會磨蹭石頭的粗糙表面來幫助自己蛻皮。同樣的，許多種類的樹蛙聚集在河邊的石頭上，在夜間鳴唱；蠑螈也必須藏身在溪床或淺灘的扁平石頭下，逃避掠食者並獵捕食物。

還有一點，岩石可以提升自然飼育箱整體外觀的美學價值。一塊大而扁平的板岩可以做為加州王蛇曬太陽的好地點，就像散落在沙漠上的

圓形石頭一樣，你的飼育箱會透露出一種禪的意境。藉由選擇最具吸引力、獨特、形狀或顏色特殊的石頭，你會覺得自己在打造飼育箱的同時，彷彿是得到了某種藝術上的自由。

但就像其他底材一樣，並不是所有類型的岩石都適用於所有的自然景觀。事實上恰恰相反，大多數岩石類型只在相當嚴格的環境條件下才能發揮它們的功用。如果在自然中不會發生這種情況的環境條件下，岩石甚至可能會對環境產生多種不良影響。如果你知道哪一種岩石適合哪種飼育箱、哪一種岩石**不**適合哪種飼育箱，你會發現岩石對任何一種自然飼育箱都能發揮出多種效果，是完美的添加物。

該避免的岩石

在你把任何岩石放進自然飼育箱之前，你最先也最應該考慮的是這些兩棲或爬行動物的健康。許多種類的岩石可能會對你所飼養的兩棲爬行動物造成傷害，識別並剔除這些岩石是很重要的。白堊狀、片狀、易碎的岩石只是鬆散地結合在一起，它們會在潮濕的環境，像是叢林、沼澤或山地類型的棲息地中迅速分解。當它們分解的時候，岩石將釋放出會被飼育箱環境吸收的化合物。這些鹼性物質

岩場肯定會有適合你飼育箱的有趣岩石，要是你家附近有這樣的場所，務必去找看看。

會嚴重汙染飼育箱的封閉區域，殺死植物的根部，毒性會進入兩棲動物的血液中或是爬行動物的皮膚中形成併發症。岩石分解後所汙染的有毒土壤和水都必須處理掉，因為想要從中清除溶解的礦物質幾乎是天方夜譚。因此，白堊岩、石灰岩、滑石、雲母以及和它們相似的岩石絕對不能被用在相對濕度超過百分之七十的自然飼育箱中。同樣的，這些岩石也不應該被放入自然飼育箱的水中，甚至是輕度潮濕的底材上也不行。

　　避免使用珊瑚和碳酸鈣等海洋中的岩石。這些岩石一旦接觸到淡水便會以極快的速度分解，繼而使飼育箱中的酸鹼值上升。如果你放進飼育箱中的岩石從根本上改變了土壤與水的化學成分，居住在裡面的青蛙、蟾蜍、蝌蚪、蠑螈等生物都會受到極大的影響。有著金屬光澤的岩石也可能有潛在的問題，有些這類的岩石會在分解時釋出大量的鈉，這是你絕對不樂見的。

　　此外，也要避免使用帶有鮮豔色彩的岩石，紅色、綠色、藍色、黃色條紋的都不行。不管是淡紅色還是深紅色，穿過岩石的帶狀紅色意味著這塊岩石裡頭含鐵，在潮濕的箱體中會生鏽。深綠色到淺藍色的線條

則代表岩石裡面有銅，銅在氧化的過程中，會嚴重汙染自然飼育箱裡面的土壤和水，繼而對生存在裡面的動植物造成危害。黃色紋理則表示這塊岩石可能含硫，它會為飼育箱裡面的化學性質帶來不必要的麻煩。

該採用的石頭

最好採用密度較大的火成岩或變質岩，這些岩石不會一握就碎了。深色（灰色）的岩石通常是安全牌，光滑而堅硬的石頭也是。石英晶體有粉紅、白、紅、深紫等顏色，不管放在哪種自然飼育箱裡面都可以為其增添鮮豔的色彩，但它們不管放在哪裡看起來都不太自然。火成岩和變質岩是你最好的選擇，至於沉積岩（那些具有明確分層外觀的岩石），你不會想把裡面的元素和礦物質放進你的飼育箱裡面的。

如果你無法確定哪些岩石可以安全地被放在你的飼育箱裡、哪些不行，請諮詢當地岩場或採石場的專家，聯絡大學地質系也行，大學地質系教授回答岩石相關問題的精準度肯定會讓你嘆為觀止。

不過，當你在沙漠或稀樹草原飼育箱中加岩石的時候，事情可就不一樣了。因為這些環境會一直處於乾燥狀態，白堊狀、片狀、易碎的岩石不會輕易地分解並汙染環境。砂岩、石灰岩和其他類似的岩石可以安全地應用在沙漠生態缸，但即使是在沙漠棲息地裡，你仍應該儘量使當中的岩石種類多樣化。石灰岩和其他容易分解的岩石可以用，不代表你就只要用這些種類就好。另外，「有金屬光澤和色澤紋理的岩石不能用」

石灰岩和類似的岩石只能用於乾燥的容器裡，像是環頸蜥的家。

這條規則沒有改變；帶有明亮色彩的岩石不管在哪種飼育箱都**一定不能**用。

岩石的擺放位置

確定了使用什麼樣的岩石可以安全無虞後，就該進入下一階段了：擺放。雖然說在飼育箱裡面擺放岩石聽起來很簡單，但確切地了解這些物品的擺放會如何影響到其中的動植物還是相當重要。大多數的岩時應該放在底部並牢牢固定在底材當中，這樣才不太會鬆動。不要癡心妄想在飼育箱裡面放一塊高大的岩石它還能屹立不搖，即使是輕微撞擊或震動都有可能會讓笨重的岩石傾倒或掉落。

每年我都會聽到有自然飼育箱因為擺放不當而產生意外事故。掉落的岩石可能會撞擊或打碎箱體的玻璃牆，更糟糕的情況是會砸傷或甚至砸死你的寵物。十年前我就知道「落石危險」了。那時我剛孵出了一窩美東王蛇，我留下了其中最漂亮的一隻。一隻全黑的樣本，這隻色違的王蛇沒有其他同類身上因以得名「鏈王蛇」的白、黃色環狀斑紋。這隻小蛇讓我既驕傲又開心，我為牠打造了一個林地棲息地，還在裡面放了塊大石板，讓牠可以在上面曬太陽。打造完那個棲息地還不到一天的時候，那塊岩石因為固定不佳而掉下來，把剛孵化出來的王蛇釘在了箱體的地上。當我找到牠的時候，牠已經死了。一次工程上的失誤讓一隻美麗的爬行動物失去了生命，也讓我失去了一隻獨一無二的寵物。

確保你飼育箱裡面的岩石都牢牢地固

如果你養的兩棲爬行動物很常曬太陽的話，像是刺尾飛蜥，你可以把岩石放在保溫燈下，牠們會愛死這樣的日光浴場所。

定在底材上，不會移動或掉落。當然，「牢牢地固定」這句話看起來有點複雜，畢竟每塊岩石的形狀大小都不一樣，每個人所擁有的生態棲息地也都有所不同。當我們再把每個人所飼養的物種差異納入考量，這個問題肯定會變得更加複雜。比方說：一群綠變色蜥在林地飼育箱中掠過一大塊片岩，這樣的動靜不太可能導致岩石移動。然而，如果你在相同的環境中放了一對成年的哥法地鼠龜，牠們是強而有力且成熟的穴居者，不需要多久的時間，哥法地鼠龜的運動讓岩石移動多少次都不奇怪，最終岩石肯定會沉降到飼育箱的最底部。

　　最重要的是，你必須了解你飼育箱的環境，你必須知道你寵物的習性，這樣才能好好將沉重的石頭固定在飼育箱裡。如果是在密度較大的底材中，岩石掉落或位移的可能性並不高，但

提升酸鹼值

如果你想打造的是沼澤類的飼育箱，但卻因為底材的酸鹼值過低而使得植物無法生存，那麼你可以採用某些種類的岩石，這些岩石的化學性質能幫你緩解這個問題。像石灰岩和某些砂岩的酸鹼值就很高，當這些岩石在沼澤類的飼育箱中分解時，它們能有助於將酸鹼值提升至植物能夠生長的地步。你可以在飼育箱的周圍放置幾塊小型的石灰岩，尤其是那些植物生長的區域，這能讓整個箱體保持在一個植物還能接受的酸鹼值。如果飼育箱裡面有大量的水，在水中放置一些石灰岩，讓過濾器推動的水流去沖刷這些石頭，這能讓石頭分解與提升酸鹼值的速度上升。

如果是在像是矽砂這類鬆散的底材中，那麼就有可能會產生位移。同樣的，較脆弱的小型生物也不太可能移動沉重的岩石，但較強壯的大型生物（陸龜、蜥蜴、鱷魚、蟒蛇等）就有可能使得飼育箱中的物品移動。穴居物種特別容易受到移動或落下的岩石的傷害，而且牠們在地下生活的天然習性也很容易破壞岩石在飼育箱中的穩定性。如果你打算飼養的是穴居物種，請把所有的大石頭全都放在飼育箱的底部，再在它周圍添加底材。這樣可以保證你的寵物不會鑽到任何低於石頭底部的地方，從而保護牠免於受到來自岩石的傷害。

岩石的藏身處

如果你飼養的是強壯、活躍、穴居型的草食動物（如刺尾巨蜥），那在放置岩石的時候就必須要格外小心。

第二個關於放置岩石的問題也跟岩石的移動有關。雖然寵物商業貿易的興盛催生出了數百種不同供寵物使用的小屋，但還是天然岩石看起來比較賞心悅目，也比較不那麼突兀。其實，大多數由黑色或棕色塑膠製成的藏身處在自然飼育箱裡面看起來都不大合適，就算它們被做成像是洞穴或其他自然元素的樣子也還是如此。好在，你可以用天然的岩石為你的寵物打造有趣（又複雜）的藏身處，這些藏身處看起來無比自然，絲毫不會減損你自然飼育箱的美麗與野性。

最好的岩石藏身處應該要是一體成型的，像是自然形成的墨西哥熔岩塊。這些物品固定在底材上之後，你就不必擔心移動或掉落了。許多業餘愛好者會選擇用多種岩石來拼湊出藏身處或看來自然的洞穴，但以石頭堆疊出藏身處其實是很危險的。雖然這種結構看起來美觀，似乎也能穩定地撐上幾個月，但這卻是將兩棲或爬行動物的生命置於危險之中。只要輕微地碰撞或震動到飼育箱，這些堆疊起來的岩石都有可能移動或坍塌，你心愛的寵物就可能被壓扁在底下。無論你做什麼都無法挽回消逝的生命。你根本不需要冒險在飼育箱裡面疊石頭。不管這些岩石

看起來多麼穩固，始終都有潛在的危險。

幸運的是，想要建造一個洞穴，有許多經過實驗檢測過的方式比堆疊石
頭要來得安全許多，持續的時間也更為長久。

建造岩穴　建造洞穴的第一步，首先會需要幾塊火成岩和兩倍數量的黑
色尼龍紮線帶（又稱束線帶或滑鼠帶）。火成岩比沉積岩和變質岩要來
得好，因為這兩者都很容易破裂。不過如果你能找到比較堅硬的變質岩
或沉積岩，那它們還是可以適用這種打造洞穴的方法。開始建造洞穴，
把你預計要用的所有石頭放在桌子或工作台上，將其堆疊成洞穴狀，好
讓你知道它們擺在飼育箱裡會是什麼樣子。

　　堆出你想要的形狀後，用粉筆在石頭的接縫處做上至少兩個（最好
三個）記號，這樣稍後你才能按照這些記號將石頭再度堆成同樣的形狀。
比方說，當你在洞穴的頂部和右側的石頭上做了三個記號，你移走頂部
再移回來時，對齊這些記號，你就能把頂部放回原本的位置。做完記號
之後，就開始在石頭的記號附近鑽孔。每個記號都要鑽一個孔。我建議
用鑽金屬用的鑽頭，如果你有門路可以拿到石頭用鑽頭會更好，雖然那
相當地貴。全部的孔都鑽完之後，重新堆疊這些石頭，按照記號將石頭
還原成你先前所堆疊出的樣子。

把紮線帶的一端穿過你在岩石上鑽出來的孔，再穿過另一塊岩石上相對應的孔，把紮線帶的末端繫在首端，然後拉緊。拉得愈用力，紮線帶就愈緊。在不破壞岩石的前提下儘量收緊紮線帶。重覆這個動作，直到所有的岩石都被束線帶牢牢固定住，再用剪刀剪掉或用刀子割掉紮線帶的尾巴。堅固、穩定、持久的自然洞穴就完成了，保證不會坍塌。

這種用紮線帶固定的洞穴的優點是：如果你想要重新組裝，或是把它拆開、以其他的方式放置這些石頭，你只需要剪斷紮線帶，這些石頭就瞬間分開了。以這種方式固定的石頭可以一次又一次地重覆使用。

還有另一種方式，剛開始的步驟也一樣：把你預計要用的所有石頭放在桌子或工作台上，堆出你想要的形狀後，用粉筆在石頭的接縫處做上記號。用無毒的環氧樹脂、聚氯乙烯膠合劑或矽膠把石頭黏在一起。市面上有各式各樣的黏膠可以用，但也有許多種黏膠會汙染飼育箱，所以使用前務必閱讀產品上的警告標籤，確定它適用於室內。選定了適合的黏膠後，從洞穴的左右兩壁開始塗抹大量的黏膠，把它黏到後壁的邊緣，當它們組合在一起的時候，兩塊石頭將大致成直角。用台鉗或木塊來固定石頭，直到這些黏膠完全乾燥（通常要等十二到二十四小時）。其餘的壁部和頂部就比照辦理。黏膠乾了之後，你還可以在洞穴上面添加額外的石頭。

在石頭都固定好了、黏膠也乾了之後，你就得把這個洞穴放在受保護的戶外環境，像是露天車庫或是門廊之類的。吹過門廊或車庫的氣流能讓黏膠更進一步乾燥，也能吹散黏膠揮發出的化學氣味。在這段時間裡，你要確保它不會被雨、雪或其他東西淋到。大約四十八小時後，把

洞穴拿回屋內，用水徹底沖洗幾次。等黏膠乾了、沖洗到沒有異味了，你就可以把它放進自然飼育箱裡了。這種洞穴的唯一缺點是它太持久了；黏膠凝固之後，石頭就會永遠黏在一起了。

如果你養的兩棲爬行動物只有一、兩隻，那麼通常一個基本的、四面的洞穴也就夠了。但隨著你收藏的增加，你可能會想嘗試些更大、更精緻的設計。如果你想建造的洞穴達到兩層或甚至三層（不管你用什麼樣的時候，這個洞穴都肯定又大又重），你應該結合上面兩種方法來建造。要是這麼大的結構卻只用紮線帶固定，整個洞穴就有可能因為自身的重量產生傾斜或甚至倒塌——每條紮線帶的延展性都足以讓大型的結構傾斜、倒塌，或甚至壓死你的寵物。如果只用黏膠固定，雖然可以撐上一段時間，但結構在某個時間點仍會從接縫處斷裂開來，造成整個洞穴的位移或坍塌。

合併使用紮線帶和黏膠能讓結構體獲得足夠的支撐力道；如果黏膠破損了，紮線帶也能防止洞穴坍塌。我只做過幾個這樣的「超級結構體」來用在自然飼育箱裡，但你只要用正確的方法、花費點精力和時間，做出來的成品也會相當令人驚艷。豹紋壁虎、肥尾守宮和沙漠角蜥等族群會很喜歡攀爬並探索這些岩石結構的。

岩石的其他特徵

岩石結構的美麗之處並不僅只於建造洞穴——絕非如此。

岩石山 岩石堆——顧名思義，就是一堆雜亂的石頭——也能和洞穴一樣令人印象深刻。簡單地把石頭堆疊成自然穩定的形狀，然後像是建造洞穴那樣把它們黏在一起。（小提示：如果你把石頭堆在一張平坦的桌上，這些石頭不會因為你去推它而倒塌，那這個配置就算得上是自然而穩定。）你可以把巨大的岩石堆放在飼育箱的中央，做為籬蜥、彩虹鬣蜥或刺尾鬣蜥曬太陽的好去處。小型的岩石堆則可以放置在飼育箱的各個角落，充當天然的結構體。

岩石堆或岩壁能為你的兩棲爬行動物提供垂直的溫度梯度，就像這個養著環頸蜥的沙漠飼育箱。

對於那些愛曬太陽的兩棲爬行動物來說，岩石堆實在太好用了。當蛇或是蜥蜴早上醒來之後，牠們通常會離開藏身處，進入明亮、陽光充足的區域來吸收陽光的熱量。體溫夠高之後，這些爬行動物就會離開，前去狩獵或求偶。要是體溫過高，牠們則會找一個陰涼的地方降溫。在野外，曬太陽對兩棲爬行動物是很簡單的事，但被圈養起來之後，這點可就不那麼容易了。很多情況下，飼育箱裡面的溫度都不太夠，生活在裡面的兩棲爬行動物可能一直達不到牠們喜歡的體溫。相對的，有許多業餘愛好者會把寵物的棲息地弄得太熱，這些動物們無處可逃，只能承受高溫帶來的痛苦或甚至死亡。因此，在一般家庭的飼育箱裡，在加熱裝置正下方建立一個垂直的溫躍層是絕對有必要的。

在飼育箱的保溫燈底下放置一塊扁平的石頭就能讓兩棲爬行動物有地方可以曬太陽，但這樣卻不足以讓牠們接近所需的光或熱。建造一個岩石堆（重申，請用無毒的黏膠來固定岩石堆），讓它達到箱體大概三分之一或一半的高度。為你的寵物創造一個垂直的日光浴場就是這麼簡單，牠們可以選擇自己需要曬太陽到什麼程度。

岩池　還有一種岩石結構很常見也很流行，那就是岩池。這個結構使用

了大量的墨西哥熔岩，可以為幾乎任何種類的自然飼育箱增添一個特點。首先，選擇一塊大小合適的墨西哥熔岩，這種岩石因其自然凹型的碗狀構造而聞名。盡可能找到一塊寬且深的碗狀熔岩。把熔岩放在桌子或工作台上，用畫筆或泡沫噴灑機（這兩者都能在五金行的油漆那區找到）在上面塗上一層薄薄的無毒黏膠（我們先前用來固定洞穴壁部的那種）。每個角落和縫隙都要塗上一層黏膠。讓它乾燥四十八到七十二小時，然後再移到外面讓它通風。

完全乾燥以後，把這個碗狀岩石裝滿水，靜置一段時間，看它有沒有洩漏。如果會漏水，再重覆一次密封／乾燥的流程。如果不會漏水了，用乾淨的水清洗六次左右，以清除裡面的黏膠。

你現在可以把自然又美觀的碗狀岩石放進飼育箱裡了。如果是放在沙漠或稀樹草原類的飼育箱裡面的話，這種結構可以成為蛇類或巨蜥的水盤。如果是放在叢林或林地類的飼育箱裡面的話，它可以充當青蛙或蟾蜍的產卵地。

正如著名的兩棲爬行動物學家兼作家雷克斯・李・席爾賽（Rex Lee Searcey）曾說過的，有些爬行動物是「旱鴨子」，如果牠們掉進深水或

岩拱

我所見過最令人印象深刻的岩石結構是我一個朋友在一九八零年左右所建造的。她在一個兩百加侖（約七百五十七公升左右）大小的沙漠飼育箱裡，建造了一個高大的岩拱，就像猶他州和亞利桑那州自然形成的岩拱一樣。她仔細挑選岩石（她選用的是紅色的頁岩），耐心地用適合的黏膠把它們黏在一起，花了一個月的工夫完成了這個看起來無比天然的岩拱。在最初的拱型完成之後，我的朋友小心地打磨了這個實心結構來消除石頭與石頭間的線條，最終這個成品長四十英吋（約一百零二公分）、高二十二英吋（五十六公分）。完成之後，不仔細看，你肯定會以為這是塊一體成型的天然岩拱。她的蜥蜴群落每天都在岩拱上爬來爬去、曬太陽。對於她能夠做出這麼獨特而又令人印象深刻的結構，她的朋友們都超嫉妒的。

是陡峭的水盤裡，這些動物可能會在牠們逃脫前被淹死。小型陸棲龜或陸龜特別容易發生這種意外。在提供兩棲爬行動物水盤的時候要格外小心，確認這些動物有辦法在意外落水的時候能從裡面爬出來。

排水層

當然，不是所有有用的岩石都可以在飼育箱中被看見。有些地面之下的岩石能在你的飼育箱中創造一個與眾不同的世界——即便它們沒有重見天日的一天。在許多生態系統中，岩石只會在有機土壤下方數英呎（數公尺）的地方出現。這些岩石不僅能為大型植物和樹木的根部提供穩定的錨點，還能讓多餘的水從植物根部排出。大部分植物的根系（不包括沼澤棲息地或是水生的物種）如果完全泡在水裡，它們很快就會腐爛掉，負責將營養物質從土壤轉移到根毛中的有益真菌（菌根）基本上就全都淹死了。隨著根部腐爛，植物失去了攝入營養的來源，它將很快地枯萎、死亡。但是當水能夠從岩石之間的縫隙排出，植物便可以

從半濕的土壤中吸收足夠的水分，菌根將能正常運作，生態系統也便能持續蓬勃發展。

這種排水原理也適用於一般家庭裡的飼育箱。隨著植物成長並將其根部深入底材的混合物

在多數的飼育箱中，細礫石成了最佳的排水層。在大部分的寵物店可輕易取得細礫石。

中，它們的根最終會生長到箱體的底部。如果箱體底部富含營養的底材一直處於潮濕的狀態，生長到那個深度的根就會開始潰爛、死亡。一旦根部開始潰爛，很快就會蔓延並讓整株植物死亡。為了防止這種情況發生，在添加任何底材混合物之前，至少要先將兩英吋（約五公分）的水族箱用細礫石鋪在箱體底部。日後當你澆水的時候，多餘的水分就會通過土壤排出，並分散在細礫石層中。植物長大之後，它們的根會深入底材中，最終進入細礫石層中，有部分的根尖可能會因為泡在水裡淹死。這是可以接受的，因為即使這些根系的根尖會死亡，大部份的根系仍會安全地紮根在排水層**上方**富含營養的底材中，植物會繼續成長茁壯。

如果想在底材混合物中讓有益細菌和真菌繁衍生習，保持細礫石層也是很重要的。簡單來說，如果這些小小的好東西待在過度潮濕或甚至完全泡在水裡，那它們就無法生存了。當飼育箱中的水被排到細礫石層中，底材混合物將吸收對它們而言足夠的水分而不會吸收得太多。這能

確保真菌得以繁衍，分解者能以動物排泄物為食，所有必要的化學和生物過程都需要發生在你的飼育箱中，不會因為持續潮濕而受到影響。

然而，還是要提醒一下讀者，並不是所有的礫石都適合拿來做為飼育箱裡的排水層。正如你已經知道的，某些岩石分解的速度就是比其他岩石要來得快，又有些岩石的酸鹼值就是比其他岩石要來得高。因此，用石灰岩或其他富含鈣、鈉的岩石來當排水層不啻是不智之舉，因為這些岩石會很快地破壞底材的酸鹼平衡，繼而阻礙植物的正常生長。同樣的，也應該要避免使用像碎珊瑚之類的有機材料，因為同樣的分解戲碼也會上演。更糟糕的是，如果排水層的底材整組壞光光，這些底材之間的縫隙將不復存在，排水層亦是如此。另一種應該要避免的則是塗上化學塗層或經過加工的岩石。許多用於裝飾的礫石上都塗有透明樹脂、油漆，經過染色或是泡過某些化學物質。在飼育箱裡面加進這種岩石會汙染底材混合物，根據岩石所含的化學物質，它們甚至可能會導致植物死亡。好在，經過化學處理的時候可以很輕易用肉眼辨識出來。顏色鮮艷（桃紅色、紫色、黃色、紅色和藍色）的石頭絕對不是天然形成的，有這種顏色的石頭都是經過塗漆或染色的，在飼育箱裡面不要留位置給它們。塗有透明樹脂的石頭看起來非常有光

這個養著智利紅玫瑰蜘蛛的林地飼育箱裡面有一層由小石頭構成的排水層。幾乎所有的自然飼育箱都能從排水層中獲益。

澤，甚至看起來會一直維持在濕潤的狀態。

　　土色、圓形、豆粒大小的石頭是用來建造排水層的上上之選。這些石頭可以輕易地從河床中採集到，酸鹼值幾乎是中性。它們堅韌、光滑、惰性強，對於侵蝕或分解都有強大的抵抗力。這些石頭在五金行和苗圃都可以輕鬆入手，價格也很經濟實惠；細礫石就是其中最便宜的一種，你可以把它添加到你的飼育箱裡。先用冷水徹底清洗這些石頭，去除上面的碎屑和淤泥，然後就可以在飼育箱裡面建造排水層了。許多業餘愛好者都知道，在水桶底部鑽一些小洞（比礫石還要小）就可以輕鬆完成這項任務；把包裝裡的礫石倒進桶子裡，然後用水管灌水進去，淤泥和沙子就會從桶底的洞被沖走。

分離各層

有些專家建議，當底材混合物在飼育箱中待的時間夠長，少量的底材會逐漸下沉並填滿排水層中的縫隙，而這些縫隙原本是用來排出多餘水分用的。當這種情況發生的時候。底材層和排水層就沒有分別了，你的飼育箱獲益於排水層的種種好處將不復存在。要想避免這種情形，你可以在鋪好底層之前，在排水層上面再加一層家用或工業空調用的濾網。這種細孔的濾網可以防止來自底層的固體顆粒滑入細礫石的排水層，但它並不會阻礙排水。塑膠纖維的空調濾網可以輕易地被切割成各種大小，什麼樣尺寸的飼育箱都不成問題，而且由於不會自然腐壞，所以它可以在你的飼育箱裡面躺上好幾年。

第五章

添加與照顧植栽

除了你的寵物兩棲爬行動物或無脊椎動物,植物是你飼育箱中最複雜也最有趣的生命形態。你可能會問:植物怎麼可能會有趣?它們的生長速度極為緩慢,隨著時間逐漸變化與成熟。在我們汲汲營營的日常生活中,我們可能不會注意到後院的柏樹上抽出了新芽,可能也沒有注意到門旁的常春藤上長出了新的卷鬚。在我們的生活被工作、課業、兒女和其他事情塞滿的情況下,我們經常會忽略掉生活中像是植物生長這些「小」事。

裡面有著活生生的植物是自然飼育箱的典型特徵。像這個熱帶森林飼育箱裡面有著大概六種植物和一條球蟒。

　　當植物在栽植的飼育箱中生長，它們便受到了仔細的觀察；愛好者們每天回家都要檢查它的高度、顏色、軟硬和健康狀況。太濕？太乾？太冷？太熱？肥料夠不夠？什麼時候需要修剪？諸如此類的這些問題似乎已經成為業餘愛好者們最關心的事物，而且其來有自。植物生長的每一英吋（公分）、它們抽出的每一片新葉、每一朵花的每一瓣都張揚著它們的生命，這些跡象無一不是在告訴你，你在照料、呵護自然飼育箱這方面做得很好。

植物群落

　　植物的群落可能是愛好者們第一個應該考慮的問題，而這也可能是最重要的一個問題，這裡的「群落」指的是你在飼育箱裡模擬的野生生態系統中自然成長的植物。比方說，如果你開始建造一個叢林類的飼育箱（暖和的溫度、較高的濕度、弱酸性的土壤，還有中等到強烈的光照等），你只能期望會在這種環境下自然生長的植物會活下來，說的就是在植物群落中生長得最好的植物，所以你的叢林飼育箱裡面必須要有鳳梨科植物、蕨類、闊葉熱帶植物和諸如此類的植物。如果你想要加進的是喜歡乾旱環境的物種，像是仙人掌、蘆薈或是其他多肉植物，叢林

飼育箱的高濕度會使那些含水性高的物種液化。相對的，如果你在建造的是熱帶稀樹草原或沙漠類的飼育箱，你就不能奢望有著細小葉子和單薄樹幹的銀樺能在這種環境活下來。十二卷屬或厚舌草屬的仙人掌或多肉植物才會是你的首選，你必須接受這樣的事實。

要選擇植物，你得考慮該種植物對土壤、酸鹼值、溫度、地面濕度、空氣濕度、光照強

植物的學名與俗名

和其他物種一樣，植物也有學名跟俗名。然而，許多常見的植物常被用學名來指代，頻率甚至跟俗名不相上下。比方說，「千歲蘭」跟「虎尾蘭」的使用頻率是差不多的。為了保持一致性，該名稱無論是做為俗名還是學名都是斜體字。除了俗名和學名，某些植物還有分「品種」。這些是透過選擇性雜交而產生的植物物種。品種名會放在學名前面，例如：月光虎尾蘭。

度以及原生地的其他物理參數。如果你所選擇的植物無法自然適應你所創造的生物景觀，失敗也是理所當然的。我看到許多業餘愛好者一次又一次遇到挫折，其原因都是他們試圖把在同個環境中無法長大的植物種類混雜在一起——這些物種原本就不屬於這個群落。

沙漠植物就跟沙漠植物種在一起，叢林植物就跟叢林植物種在一起。在選擇植物的時候，只有當兩個或兩個以上的棲息地有著共同特徵時，才有可能將來自不同群落的植物種植在一起。比方說，溫暖潮濕的沼澤環境也許可以容納一些通常只能生長在叢林環境的植物。

能夠入手的植物種類

這不是一本園藝書，也不是告訴你明確或完整方式的工具書。就如同飼育箱的構造與維護等各方各面，要窮盡所有細節是不可能的。吸引某個業餘愛好者的植物，另一個人可能對之興趣缺缺，或者某個業餘愛好者所喜歡的澆水方式可能不適用於你的飼育箱。沒關係，正由於可供選擇的植物種類如此繁多，總有些種類能夠成功適應原本不屬於自己的環境。考慮到這一點，以下是一些能夠在不同種類的自然飼育箱中生存的植物。

沙漠飼育箱植物

　　這些粗壯、堅韌、多肉的植物在地球上最惡劣的環境中生存了很長一段時間。這些植物能夠承受長時間的乾旱，在適合林地或叢林植物的環境條件下，它們會痛苦不堪；過多的水分或過高的濕度會為這些物種帶來滅頂之災。沙漠植物的定義是他們需要明亮的光線、高溫、低濕度和季節性休眠（許多這類植物會在十月到三月這段時間休眠）。為了讓它們能夠順利生長，在這段時間裡面，不要給沙漠植物澆太多的水，同時還要增加它們所能曝曬到的日照量。

　　仙人掌的家族極為龐大，北美和南美的所有沙漠裡幾乎都能找到它們的身影。它們的品種繁多，從橢圓形和球形的品種到修長高大的品種，再到鏟子形的「兔耳」品種。仙人掌以其多刺聞名，刺的種類也從粗大的木質刺到裝飾仙人掌莖部的細毛或毛皮狀的刺（這種刺在翁球屬和白裳屬尤其普遍），各異其趣。能在飼育箱裡存活的仙人掌種類取決於你所飼養的爬行動物或無脊椎動物的種類。粗大、健壯的品種可以和強壯的脊椎動物一起飼養，而無脊椎動物和毛茸茸的仙人掌則比較合得來。大多數的仙人掌對於光照的需求都很高，確保你能提供充足的光照。右頁欄位中是一些比較受歡迎的仙人掌品種。

　　當然，仙人掌也不是唯一一種能在沙漠中生存的植物。其他植物也能在乾旱的環境中生長。像是虎尾蘭，或說千歲蘭。虎尾蘭的品種也很多，有刀狀的葉子，也有像是雕刻品的葉與莖，它們都能在乾旱的環境下生長。沙漠類飼育箱的愛好者最好不要把這種植物直接放在聚光燈或是明亮的紫外線燈底下，它們喜歡的是明亮、間接的光。它們還需要排水良好的土壤，否則它們的根部會發霉腐爛。比較流行的品種包括：「金邊」、「月光」、「雪紋」、「金邊短葉」、「鳥嘴」等。

千歲蘭（虎尾蘭）是種堅韌又吸引人的植物，很適合栽植在乾燥的飼育箱中。有數百種品種可供選擇。

有毒植物

下列是一些常見的有毒植物，如果被草食或雜食動物吃進肚子，可能會對牠們造成嚴重的危害。如果你養的是會吃草的兩棲爬行動物，不要把這些植物跟牠們放在一起。

孤挺花	仙客來	曼陀羅	商陸
銀蓮花	水仙	飛燕草	女貞
杜鵑花	花葉萬年青	鈴蘭	石楠
顛茄	常春藤	乳草	大黃
鶴望蘭	毛地黃	槲寄生	鼠尾草
紅千層	鐵杉	牽牛花	金魚草
毛茛	冬青	夾竹桃	鬱金香
海芋	風信子	唇萼薄荷	馬鞭草
蟹爪蘭	鳳仙花	蔓綠絨	紫藤
番紅花	鳶尾花	耶誕紅	紫杉
巴豆	茉莉	野葛／櫟	絲蘭

　　大戟屬還有許多適合沙漠飼育箱的獨特植物。這些有著扭曲莖、皺褶葉的植物品種在飼育箱裡可以活得非常好，但要照顧好它們還是有一些特定的規則要遵循。因為所有的大戟屬植物都含有刺激性的乳膠狀樹脂、樹液，這些樹脂、樹液會對破壞植物的動物皮膚造成傷害，將植物吃下肚的動物甚至會喪命，所以這些植物品種應該只被種植在小型肉食動物周遭。大多數大戟屬的品種都需要強烈的日照。因為這些植物有許多愛好者，所以被廣泛種植也是合情合理，因此許多網路零售商會願意以最划算的價格將大戟屬植物送到你家的門口。

　　還有其他適合栽植在沙漠飼育箱的植物，像是蘆薈屬、十二卷屬和厚舌草屬。蘆薈因其藥用特性聞名，有許多品種，如：十錦蘆薈、俏蘆薈、長鬚蘆薈、勞氏蘆薈和細莖蘆薈。大多數的蘆薈品種需要大量的光照，但根部必須保持濕潤。（我比較喜歡用盆栽的方式固定它們。）較矮小

常見的仙人掌

名稱	高度 （英吋／公分）	開花？	描述
鼠尾掌 （Aporocactus flagelliformus）	24/60	是	這種仙人掌呈長條狀，不高，在寬闊的空間給予間接明亮的照明能讓它活得最好。
瑞鳳玉 （Astrophytum capricorn）	8/20	是	幼時莖呈矮球狀，但會隨著時間逐漸長高，這個品種具有長而不規則的灰刺。需要直接光照。
白檀英 （Chamaecereus Silvestrii）	18/46	是	生長得很快，會在地上迅速蔓延，有著花生狀的芽。一次會開很多朵花。
吹雪柱 （Cleistocactus straussii）	36/91	是	有著纖細的刺。需要直接日照，即便是新手也能輕鬆養大。
金琥 （Echinocactus grusonii）	24/61	否	生長極為緩慢。在半陰影的區域活得最好。
宇宙殿 （Echinocereus knippelianus）	4/10	是	一種小巧的仙人掌，生長速度快。刺小，在中量日照下活得最好。
短毛丸（Echinopsis eyriesii）	6/15	是	一種矮胖的品種，有粗壯、尖銳的棘簇。花很高。
金致玉 （Ferocactus latispinus）	16/41	是	生長緩慢但很容易養活的品種。刺的顏色從紅棕色到深紫色不等。適合半直接的日照。
牡丹玉 （Gymnocalycium mihanovichii）	3/8	是	矮胖型，有著黃色、粉紅色或紅色的花。經常被看到被嫁接在三角柱屬的基部莖上。適合半陰影區域。
金晃丸 （Notocactus leninghausii）	36/91	是	很高，但生長得很慢。粗莖有著纖細、如毛髮般的刺。花是黃色的。
金烏帽子（Oputina microdasys）	24/61	是	莖很粗，生長快速且多產。適合直接日照。
緋繡玉（Parodia sanguiniflora）	10/25	是	生長緩慢，低矮、球狀的仙人掌。很受歡迎也很容易培養。
寶山（Rebitua miniscula）	3/8	是	群落相當密集；春天會開紅色的花。適合在半陰影區域種植。
毛花柱 （Trichocereus grandiflorus）	14/36	是	莖的頂部比底部粗。在春天開花。刺雖細但很堅硬。喜歡在半陰影區域生長。

的品種甚至長不出小型的自然生
態缸。

　　十二卷屬的品種最好也種在
花盆裡面，不要種在飼育箱的土
壤底材中。因為這些植物的葉子
和莖很容易受損，所以最多只能
跟小型蛇類或蜥蜴養在一起，像
是守宮或石龍子。有一些品種堅
韌又滿吸引人的，例如：十二之
卷、虎紋鷹爪、紫晃萬象、玉扇，
還有生長緩慢的金城。

　　最後，厚舌草屬的成員則是一些葉子較厚、生
長較緩慢的品種，通常被稱為「牛舌」。如果你的
鯊魚掌屬葉子上的刺太過鋒利，用剪刀或指甲剪來
修剪它們。有些蘆薈屬的品種葉子上也有巨大的
刺。所有蘆薈屬、十二卷屬和厚舌草屬的植物都需
要強烈的光照。

　　有幾種榕屬植物也能在大型的沙漠飼
育箱裡如魚得水。紅脈榕和白面榕又被稱
為無花果樹，是生長緩慢、有木質根莖、
莖部可蓄水的喬木。這兩種植物都適合明

十二卷屬的植物很能適應沙漠飼育
箱。圖中是兩種較常見的類型，上
圖是龍鱗，下圖則是金城。

亮乾燥的環境。然而，在巨蜥或蟒蛇之類大型爬行動物的重壓之下，它
們還是很容易斷裂。不要澆太多水，太多的水分會導致這些植物落葉。

林地與叢林植物

　　林地與叢林植物是飼育箱愛好者最常用的物種之一，因為它們可以
忍受溫帶林地或是熱帶叢林的環境。當然，並不是所有的物種都能在這
兩種環境下生長，但總體來說，大多數物種都能適應這兩種環境條件下

的生活。

　　闊葉、粗莖的林地植物需要潮濕的土壤，但大多數仍無法忍受根系周遭積水；因此，厚厚的排水層就是必須要有的。本章節敘述的大多數植物都屬於中、低階層的植物，它們在原生的叢林或森林中，接受到的陽光都是先經過高大樹木的樹冠過濾後才照到它們身上的。（這就是為什麼很多樹種都有很大的葉子的原因，它們必須在被遮蔽的環境中捕捉任何它們所能捕捉到的陽光。）只要規律地澆水、施肥並提供適度的光照，這些植物能在幾乎任何林地或叢林環境中生長茁壯。

　　適合林地或叢林飼育箱的植物當中，有些是來自於八角金盤屬和網紋草屬。原產於日本和臺灣的涼爽的森林中，最常見的八角金盤屬植物有：八角金盤、小笠原八角金盤和多室八角金盤。這些有著寬闊葉子的物種在接觸到適度的照明和華式八十到八十四度（攝氏二十六點五到二十九度）的時候能生長得最好。如果在混合的植物群落中，能長到數碼（公尺）高的八角金盤家族會讓較低矮的植物被籠罩在陰影當中，那就可能需要修剪了。

　　另一方面，網紋草屬就是一種較為低矮的植物，能夠為活動在森林地面的兩棲爬行動物，像是虎紋鈍口螈和各種蟾蜍提供完美的地面植被。最受歡迎的品種是網紋草，它又被稱為白網紋草或紅網紋草。這種花葉植物每過幾天都要澆一次水；如果讓它變乾，植株會明顯枯萎，但好好澆水就會讓它滿血復活。在良好的環境條件下，這種植物長得很快。接下來的那張表格裡面列出了許多適合生長在同一個飼育箱裡的其他林地植物。

濕地植物

　　最後要來介紹只適合在沼澤或濕地環境中生存的植物。一般來說，沼澤植物需要比林地或叢林植物高上許多的日照強度，因為湖的表面或池塘的淺灘上的生物可以沐浴到大量的陽光，這些陽光還不需要經過森林樹冠七折八扣的。

常見的林地植物

名稱	高度（英吋／公分）	描述
細斑粗肋草（Aglaonema commutatum）	18/46	這種中國的常綠植物品種會在陰暗的地方生長；所有的林地或叢林飼育箱都可以種這種植物。
非洲天門冬（Asparagus declinatus）	12/30	這是一種體型小卻結實的蕨類植物，在土壤保持稍微濕潤但排水相當良好的環境，這種植物會長得最好。需要適度的照明。
一葉蘭（Aspidistra elatior）	24/61	這種植物呈深綠色，葉子長、呈長方形，非常堅韌。需要排水良好的土壤以及中度到昏暗的光照環境。
鳥巢蕨（Asplenium nidus）	15/38	是種健壯且容易栽培的蕨類植物，給它一點陽光就能活得很燦爛。不過土壤的排水要做好，不然根部會爛掉。
吊蘭（Chlorophytum comosum）	12/30	成長快速且堅韌的品種。需要適度的照明和良好的排水。需要定期修剪，不然它會佔領你的飼育箱。
閉鞘薑（Costus sanguineus）	18/46	生長速度快又堅韌；可以跟較大型的兩棲爬行動物養在一起。喜歡偏鹼性的土壤混合物，可以加入少量的石灰岩粉末。
花葉萬年青（Dieffenbachia picta）	18/46	在潮濕但排水良好的土壤、有微弱光線的環境中可以活得很好。樹葉和樹液有毒。
紅邊竹蕉（Dracaena marginata）	7英呎／2公尺	會從中央的莖長出長矛狀的蓮座葉，莖會隨著時間逐漸成熟變成木質樹幹。最好是種在非常大的飼育箱裡。紅邊竹蕉是一種非常多樣化的品種，能夠滿足每個業餘愛好者的需求。
加拿列常春藤（Hedera canariensis variegata）	12/30	最受歡迎的常春藤種類之一；能提供優良的地面植被和攀緣藤。需要中等到明亮的光線。購買或種植後的三、四個月內不要施肥。
蔓綠絨（Philodendron cordatum）	12/30	對新手來說是相當良好的入門品種。這種植物生長速度很快也很容易繁殖，能適應各種的環境，但還是要有排水良好的土壤與適度的照明。是種手殘也很難養死的植物。
傘樹（Schefflera actinophylla）	3英呎／1公尺或更高	一種會長得很高的樹，有木質的莖和寬大的葉子；會需要定期修剪，不然它會長出飼育箱外。每天需要四小時以上的強烈日照。
綠蘿（Scindapsus aureus）	長藤	低矮、會攀緣的藤蔓，它可以長到數英呎長，但你可以剪到自己所需的長度。在微弱的光線下，樹葉會呈深綠色；在明亮的光線下，樹葉則會呈銀白色或淡綠色。
千母草（Tolmiea menziesii）	6-8/15-20	在人工種植下很容易繁殖的地面植被。每兩個月要用富含磷的肥料施肥一次。喜歡鹼性土壤。需要明亮的日照。

當然，這張表格裡面不可能列出所有的沼澤植物，還有其他的品種。比方說，許多林地或叢林植物也可能在排水良好的沼澤飼育箱裡生存。

人們經常可以在精品店裡看到富貴竹，雖然叫做富貴竹，但是它跟真正的竹子並沒有關係。雖然它的根部對酸鹼值變化非常敏感（過鹼會讓植物致命，過酸會讓葉子變白、讓莖變軟），但由於它生長快速、修剪起來也不怎麼費事，它可以種植在濕地飼育箱裡面。樹蛙有可能會棲息在密集生長的富貴竹莖桿上。

如果你的濕地飼育箱的水夠深，各式各樣的沉水植物或挺水植物也是可行的選擇。

飼育箱的形狀與大小

愛好者必須考慮的第二個因素是選擇的植物適不適合飼育箱的尺寸。雖然苔蘚或是低矮的仙人掌在最小的自然飼育箱裡也能生長，但是許多仙人掌會需要比較寬或比較高的環境才能好好長大。榕屬或鵝掌柴屬的植物會需要足夠的垂直空間來生長，虎尾蘭屬和棕櫚科的植物也是如此。當這些植物被固定在底材中並向上生長的時候，它們應該要被種

網紋草是生長於林地及雨林飼育箱中的堅韌植物。它們雖然很小，卻能提供很棒的植被。

在高度較高的箱體中，當這些植物向下生長的時候，它們也同樣需要垂直空間。向下生長的植物比較常見的有：玉綴、蔓綠絨、加拿列常春藤和愛之蔓等。在無法滿足其高度需求的環境中，高大或是需要較多垂直空間的植物的生長狀況就會很差。

在規劃種植植物的自然飼育箱時，寬度或說水平空間也是一個很重要的因素。也許你會想要把密集的竹子群落放在一小片吊蘭旁邊，但這是不可能的事情。吊蘭和竹子的根部都很淺，水平延伸到土壤當中。把它們種在一起只會讓它們在營養、水分、生長空間等方面都競爭激烈，不是你死就是我亡。你最好讓這兩種植物離彼此遠一點，這樣對它們兩者都好。

你要考慮的不只是植物地下的部分，還要考慮到地上的部分，像是樹葉就會受到水平空間大小的影響。在你把小小的八角金盤放進林地飼育箱後，有天突然發現它葉子完全伸展開來居然可以達到十二到十六英吋（十二點五到四十點六公分），在吃驚之餘你大概也高興不起來。任何生長在八角金盤巨大樹冠底下的植物都會很快地因為缺乏光照而變得蒼白並開始枯萎。

相對的，一些較低矮的熱帶植物可能會需要經過高度過濾的光照，因為在其原生地，上頭茂密的叢林樹冠和樹葉會減弱太陽的日照。這樣的植物就需要種植在長得較高、葉子較寬的植物底下，如果直接讓它們曝曬在陽光底下，這些喜歡稀稀落落陽光的植物反倒會受到傷害，沒辦法好好成長。記得在你的飼育箱裡正確處理垂直和水平間距的問題，這對每株植物的健康和整個飼育箱的均衡發展是至關重要的。

植物與動物之間的協調性

在你研究了自己想要的植物種類，並挑選出那些在你的飼育箱裡會順利生長的品種，接下來你必須考慮這些植物在你的兩棲、爬行或無脊椎動物的陪伴下會有怎麼樣的發展。更重要的是，你得考慮你的寵物如何在你所選擇的植物環境下生存，因活力充沛或是吃草的兩棲爬行動物而失去一株植物是一回事，因有毒或其他危險的植物而失去一隻兩棲爬行動物又是另一回事了。

對植物的威脅

植物可能會被笨重或強壯的兩棲爬行動物踐踏，也可能會被草食動物吃掉。生長在叢林飼育箱水源邊的龍血樹群可能會飢餓的綠鬣蜥下顎蹂躪，如果牠對啃食這種植物鮮紅和綠色的葉子感興趣的話。由於鬣蜥會把龍血樹當作零食來吃，曾經茂盛的植物很快就會只剩下一截從土壤中冒出來的棕色枯木。同樣的，尼羅河巨蜥在飼育箱裡面走來走去，只要一個月的時間，原本茂盛的網紋草群落就會被踩得稀巴爛。

鳥巢蕨在潮濕的土壤中能活得很好，但它也能長到兩到三英呎（六十到九十公分）高，葉子嬌嫩。

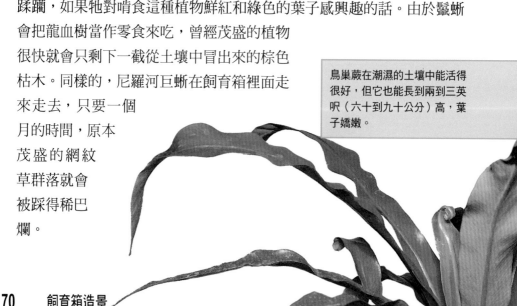

解決這兩種情況的辦法是，用一種更適合種植在爬行動物周遭的植物來取代原有的那些植物。以綠鬣蜥為例，可以改種一種比較沒那麼好吃的植物。在綠鬣蜥所處的潮濕熱帶環境中，袖珍椰子和散尾葵都生長得不錯，它們薄薄的、沒有味道的葉子很少會吸引草食性爬行動物的胃口。在飼養尼羅河巨蜥的飼育箱裡，任何一種熱帶或溫帶的常春藤都能輕易地取代網紋草。常春藤的捲鬚很粗，葉子不但厚，表面還有蠟質保護，快速的生長速度更讓它能一長就一整片，可以抵禦大部分中等體型的兩棲爬行動物的大量踐踏。

變色龍與其他樹棲型兩棲爬行動物的飼主常常會在飼育箱裡面種植榕屬植物。這種植物會在受傷的時候分泌出刺激性的黏液，因此要格外小心。

對動物的威脅

當然，情況也可能會相反過來。比方說，假設你打造了一個沼澤飼育箱，想要模擬美國南部的自然沼澤，並把它當作綠變色蜥的繁殖地。如果你選擇把豬籠草放進飼育箱裡面，那你就犯了一個很嚴重的錯誤，而你的變色蜥可能要因此而付出生命的代價。紫瓶子草有特別進化過、生長成深圓柱形的葉子，這些葉子的內部非常光滑又陡峭。深色的凹槽會散發出令人作嘔的甜味，像是腐肉的味道，以此來吸引昆蟲。一旦昆蟲進入這種柱狀的葉子裡，牠就會失去立足點、落到底部，然後被植物的酸性物質和微生物群落分解。溶解昆蟲產生的營養物質會隨之被植物

常見的濕地植物

名稱	高度 （英吋／公分）	描述
菖蒲（Acorus calamus）	8/20	菖蒲是一種高大的草狀植物，需要水下富含營養的土壤。最好能種在較大型的飼育箱中。需要較明亮的光線。
澤瀉（Alisma plantago aquatica）	14/36	高大的闊葉植物。需要明亮的光線，水深不要超過三英吋（八公分）。最好是種植在較高的箱體中。
空心蓮子草（Alternanthera philoxeroides）	4-6/10-15	無論是在水中還是陸地上都能活得很好；這種植物為居住在淺灘的兩棲爬行動物提供了絕佳的掩蔽。對許多棲息地具有高度的侵入性，要小心處理插枝。
*Carex comosa	12/30	是一種生長在岸邊的植物，這種容易種植的植物能為任何種類的箱體增加地面植被。有毒，不能食用。需要明亮的光線。
鳳眼藍（Eichhornia crassipes）	24/61	浮水植物。莖可以成長到兩英呎左右，根會在水面上形成一層厚厚的、阻隔氧氣的覆蓋層。需要定期修剪與明亮的光線。
銅錢草（Hydrocotyle umbellata）	4/10	能為岸邊或池塘提供良好、堅韌的植被。需要明亮的光線。有著雨傘狀的葉子。
匍生水丁香（Ludwigia repens）	10/25	紅色的莖上有綠色的葉子，這種蔓生植物生長在陸地與開闊的水面上。如果能有明亮的光線，這種植物將會非常堅韌。
田字草（Marsilea mutica）	2/5	浮水的蕨類植物，透過孢子繁殖，如果有明亮的光線就會生長得很快。少施肥。
*Phyla lanceolata	2/5	能提供任何飼育箱優良的地面植被。需要適度明亮的光線。果實芳香，生長迅速，需要定期修剪。
水芙蓉（Pistia stratiotes）	3/8	闊葉浮水植物，有蔓生的長根。能過濾水質，並提供水生兩棲或爬行動物遮蔽。需要非常明亮的光線。
中水蘭（Sagittaria graminea）	18/46	這種堅韌的植物莖細而葉寬，相當受歡迎。較矮的品種高度不會超過十英吋（二十五公分）。繁殖能力強。
紫萍（Spirodela polyrhiza）	0.5/1.3	小型的浮水植物，如果不加控制，數量會暴增。能為小型的水生兩棲爬行動物提供遮蔽。需要非常明亮的光線。

*無中文名稱。Carex comosa 為莎草科植物，Phyla lanceolate 為馬鞭草科植物。

吸收。如果你的幼生變色蜥掉進了豬籠草的葉子裡，它肯定無法逃脫，十有八九會死在裡面。

野外的幼生變色蜥很少會被豬籠草捕捉到，但你得記住，自然飼育箱就是這麼點大，在這樣的封閉環境裡面，食肉植物將會對幼生變色蜥造成極大的威脅。同樣的，如果各式各樣的幼生兩棲爬行動物跟這些植物待在一起也會有危險。小型的無脊椎動物也是，因為豬籠草和其他食肉植物在吸引和消化無脊椎動物這方面已經演化得相當得心應手了。

當然，會帶來威脅的並不只有食肉植物。許多種植物，尤其是熱帶品種，往往會透過分泌有毒的汁液和樹脂來抵禦採食。有些樹脂只是以黏稠感或是噁心的味道來讓草食動物望之卻步，但有些卻是致命的。像是花葉萬年青這種廣受歡迎的室內植物，其黏稠的白色汁液非常毒，若是被吃下肚，可能會引起喉嚨到頸部腫脹乃至昏迷，甚至會直接毒死草食動物。同樣的，草食性的兩棲爬行動物若是吃下生長茂盛的常春藤的漿果或葉子，可能會引發嚴重的壓力與不適。避免將草食性的兩棲或爬行動物與有毒的植物養在一起，它們可能會對自己的健康造成威脅。不管是兩棲、爬行動物還是無脊椎動物，寵物因有毒或其他危險植物死亡都不是飼主樂見的事。

種植方法

一旦挑選出你所想要的植物品種，將生態系統或植物群落裡的生物需求與協調性安排妥當，並確定它們既不會受到威脅，也不會威脅到你的寵物兩棲、爬行或無脊椎動物，那就該把植物種進你的飼育箱裡了。

大戟屬的植物受傷後會分泌黏液，必須謹慎對待。

種在盆栽裡

種在盆栽裡面是一種非常簡單的固定方法，很值得推薦給那些在種植植物經驗尚淺的業餘愛好者。簡單來說，就是在飼育箱的底材上挖一個洞，這個洞要大到足以容納植物的整個盆栽，把植物的根部和盆栽還有其他有的沒有的塞進洞裡，然後用底材填平就完成了。完成以後，這種方式會給人一種，植物直接從你的自然飼育箱的底材中生長的感覺，但事實上，植物仍好好地被固定在盆栽裡面。

在種植盆栽時，許多業餘愛好者都會用新的土壤來栽種植物；而我也一直都這麼做，除非植物一開始是被種在非常貧瘠的土壤裡，不然我並沒有注意到用新的土壤和舊的土壤有什麼區別。不過，不同種類的植物確實可能會有不同的反應。用新的土壤能有助於消除螞蟻或其他你不想看到的生物進入飼育箱的可能。

如果即將被安置在你的飼育箱裡的植物是虛弱的、生病了、或是有特殊的需求，將它先種在盆栽裡就是個聰明的選擇。植物所應該得到的水或肥料都可以直接加進盆栽的土壤裡，它可以在不改變培養基的化學成分的前提下吸收這些水分或營養。非常幼小的植物或新生根的插枝也應該透過盆栽種植的方式固定，它們需要先待在盆栽土壤底材的安全範圍內，等到成熟、夠結實、長得夠大了之後再讓它們到盆栽之外成長。

在你把植物放進新的飼育箱之前，最好都先將它們種進盆栽當中。新的飼育箱裡往往缺乏能幫助維持植物生命的有益細菌群落。在箱體完成後的六到八週裡，其底層的有機活動相當少。如果直接把植物種進這種不具生物活性的底材當中，它們可能會因此而受損。

雖然說種植在盆栽裡對幼苗、插枝和其他較為脆弱的個體相當有

花葉萬年青的汁液中含有有毒的晶體，所以不能把它們跟任何會嚙咬植物的兩棲爬行動物放在一起。

益，但它還是有些明顯的缺點。像是生長速度，這些被種植在盆栽裡面的植物會受到極大的壓抑。隨著植物根系的生長，它們會變得愈來愈大、愈來愈長。在野外，這些跟系會在它們周圍的土壤中蔓延開來，但如果把它們留在盆栽裡，植物的根部就會受到束縛，這些根會緊密地纏繞在一起。這種狀況的植物會很難吸收營養和水分。

把盆栽藏在景觀後或是底材裡面是很常見的做法。

　　與直接種植在底材中的植物相比，種植在盆栽中的植物蔓生到整個飼育箱的速度就要慢上許多。比方說，大部分種類竹子的匍匐莖都會在土壤中蔓生。這些匍匐莖每隔一段長度就會長出一個節點，而竹筍便是從這些節點破土而出。如果你把竹子種在盆栽裡，匍匐莖就沒有辦法在土壤中蔓延，新芽會集中在盆栽中冒出來，而不是四散在自然飼育箱裡。許多較專業的愛好者和生態缸純粹主義者也認為，把植物種在盆栽裡面是一種違反「自然」的行為。

　　想要解決這個問題，用能夠分解的盆栽到是個不錯的辦法，像是用瓦楞紙板或是其他能變成堆肥的材料來做成花盆。在底材底部仍然沒有生物活動、一片荒蕪的時候，你的植物能在盆栽中安然成長，而當飼育箱裡的底材隨著時間逐漸有微生物開始活躍，用來種植植物的盆栽也會漸漸分解，你不需要把它挖出來再種一次。花盆被分解後，植物就可以

農藥的危害

雖然園藝愛好者大都不會忽略新買的植物土壤中所含的農業和化學汙染物，但他們卻往往會忽略了植物的葉子。有愈來愈多的殺蟲劑和農業是被設計成要噴在植物葉子上的，這些化學物質是用來殺死啃食植物的昆蟲和某些微生物的，一旦被放進箱體中，它們就會對箱體的生態平衡造成嚴重的破壞。事實上，這些透過葉子傳播的化學物質比透過土壤傳播的化學物質更加危險，因為它們相對更容易接觸到飼育箱中的動物。為了避免這種可怕的情況發生，在把植物放進飼育箱之前，記得在乾淨的水中先清洗過這些植物的葉子。

自由地拓展它們的根系、伸展它們的枝葉，並在你的飼育箱中茁壯成長。

種在底材裡

接下來要介紹的方式是將植物種在底材裡，這種方法較受進階的生態缸玩家和自然飼育箱愛好者的喜歡。顧名思義，這種方式是將植物從花盆中移除，然後直接種在飼育箱的底材當中。要讓你的植物在直接種在底材中還能成長茁壯，底材本身就必須具有生物活性：有益的細菌、真菌和菌根，這些條件能讓植物的根吸收水分和營養，如果你想讓植物繼續活在飼育箱裡，這些條件是不可或缺的。基於這個原因，種植植物的底材如果已經有了足夠個營養，植物的存活率會提高許多，畢竟新的飼育箱的底材裡不會有足夠微生物來維持植物的生命。想解決這個問題，在飼育箱裡添加大量的堆肥是個不錯的辦法。堆肥裡富含有益微生物，在底材混合物裡加進堆肥可以促進底材的成熟。

將植物直接種在底材中的好處遠多於壞處。直接種在底材中能讓植物自由生長，一如它們在自然界中一般。匍匐莖在地下蔓延，根部在土壤中伸展，收集養分並固定植物，卷鬚和枝葉四散到飼育箱的各個角落，植物在底材中安身立命後，生命的週期便會開始加速運轉。

隨著植物根系的擴大，你可以感受到它們對整個箱體中生物圈造成的影響。兩棲爬行動物的排泄物會迅速被分解成可用的氮產物，再被植

有些植物只要種在底材中就會慢慢長滿整個飼育箱。綠蘿就已經長滿這個雨林飼育箱了，裡面還有隻瓦氏蝮蛇。

物的根部所吸收，土壤中的酸鹼值會維持恆定。植物在飼育箱中愈是茂盛，飼育箱就愈能自給自足。如果飼育箱的植物都是種在花盆裡，想要看到這樣的情景簡直是癡人說夢。

把植物種進底材中是一項非常簡單且直觀的任務。只要將植物從花盆中取出，用湯匙或其他鈍物的背面輕輕拍打植物的根部，直到大部分從花盆中帶出的土壤脫落。

溫室和園圃經常使用強力的肥料來促進植物生長。如果是種植在室外的花園或菜園裡，這些肥料幾乎不會對周圍的動物造成任何影響，但是如果是在狹小的飼育箱裡，同樣劑量的的肥料很容易會汙染水源和土壤，影響任何接近它們的動物。肥料、除草劑、殺蟲劑、農藥和許多其他的農業化學物質經常會殘留在盆栽的土壤中。進入飼育箱的生態系統後，這些化學物質會對植物、兩棲爬行動物、無脊椎動物造成傷害，甚至已經成熟、生機勃勃的底材也不能倖免。不要讓多餘的盆栽底材進入你的飼育箱。

但是如果盆栽的土壤會對飼育箱造成這樣的生態浩劫，那為什麼在箱體裡放置盆栽是安全的？盆栽的底材不會汙染飼育箱的底材嗎？並不

盡然。花盆本身就像是一個底材和培養土之間的緩衝層，很少有化學交換會在這二者之間作用。任何有害的化學物質都會先在盆栽的底材中慢慢消散，不會貿然衝擊飼育箱。然而，當我們說到農業汙染物的時候，成熟的飼育箱可能會比新建的飼育箱面臨更大的風險。新建的飼育箱還不是一個完整的生態系統，自然也就沒有生態平衡可以破壞。然而，在一個成熟而完善的飼育箱中能夠自給自足的生態系統，卻有可能會因為盆栽底材滲出的微量化學物質就受到影響。我建議，「種在盆栽中」最好在沒有足夠生物活性的飼育箱裡進行，「種在底材中」則最好在已經擁有成熟生態系統、有活性底材的飼育箱中進行。

生態栽植

第三種種植方式，我稱之為生態栽植。生態栽植就是把一些飼育箱中自然的裝飾當成植物根的容器來用。沙漠飼育箱就有一種很簡單的生態栽植方式：把牛的頭蓋骨以某種角度固定在底材上，並在顱骨內填滿砂質底材，直到它從眼窩流出來。在眼窩裡種上小型的仙人掌，像是草莓仙人掌或是海膽仙人掌。這會營造出一種歲月流逝的氛圍，同時也象徵著生命戰勝了死亡：活著的仙人掌在死去動物的頭骨中成長茁壯。請

正確的植物、正確的種法

並不是所有種類的植物都適合各式各樣的種植方式。有些品種如果被種在小小的花盆裡，生長的情況會很糟；有些品種如果被種在缺乏足夠水分的開放底材中，可能會無法成長茁壯。也許所有領域當中，最狹窄的要屬生態栽植了吧？除非各項條件都很好，不然只有少數的植物物種在被種植在小角落或小裂縫中仍能欣欣向榮。在你以植物無法承受的種植方式把它種進飼育箱之前，一定要仔細研究該種植物的各項需求。如果你對某種植物的需求不甚了解，可以諮詢園藝專家或上網查詢。在合適的條件下種植合適的植物，對自然飼育箱內植物的長居久安至關重要。

別讓遺憾發生

我有個同事曾經打造了一個欣欣向榮的南美叢林棲息地，仿造的是委內瑞拉的荒野。他引進了當地的植物、將底材保持在適當的酸鹼值、仔細選擇兩棲爬行動物，一小群的箭毒蛙。這群箭毒蛙在他的自然飼育箱裡繁衍生息，那裡的生活跟牠們的原生自然環境非常相似，甚至一年會繁衍好幾次。

大約在養了這些箭毒蛙的第四年裡，我的同事直接在飼育箱的底材裡添加了一些植物，但他並沒有先把這些植物之前的盆栽底材去除乾淨。連帶著進入飼育箱的不只有培養土，還有其他東西。不到一個星期，他發現有些箭毒蛙看起來不太舒服：牠們會掙扎著直立行走或跳躍，就像「喝醉了」似的，而且拒絕進食。沒過多久的時間，他心愛的箭毒蛙就開始死亡。

與此同時，他發現飼育箱裡面的某些植物正在成長茁壯。葉子變得更加飽滿，還長出了新的莖，藻類在飼育箱另一端的水池中迅速生長。這時候，我的同事才意識到出了什麼問題，他知道是什麼殺死箭毒蛙的了。兇手就是肥料。合成肥料被加進了盆栽的底材中，當他把混合物放進飼育箱的底材，這些肥料滲入水源，讓飼育箱受到了致命的汙染。

記住，骨骼和頭蓋骨只能用在極度乾燥的飼育箱中，因為它們在潮濕的飼育箱中會吸收水分、促進微生物生長。

另一個生態栽植的的好例子是用空心原木或是漂流木。一塊經過適當處理的木頭上可能會有許多自然產生的洞和溝槽。如果你選擇的那塊木頭沒有這些自然特徵，那你也可以輕鬆地在上面鑿洞。特殊的鑽頭（被稱為鋸孔器）可以在幾秒鐘之內就在原木或漂流木上鑽出幾個大洞。鑽孔之後，你可以用剉刀或木銼來拓寬或改變其形狀來滿足你對規格的需求。

木頭上的洞夠了之後，你可以把它固定在土壤中，然後用我們剛剛提到過的、把植物種在沙漠顱骨內的方式，在上面栽種植物，不然還有另一種方式，鑽孔後，在孔中填上厚厚的底材。底材厚到可以讓植物的

綠蘿，也就是我們常說的黃金葛、萬年青，是進行生態栽植的絕佳人選。圖中就是一株被種在軟木樹皮中空處的綠蘿。

根系適應的話，你也可以把它種植在原木或漂流木上，這樣植物看起來就像是直接從原木長出來一般。在真正的林地或叢林環境裡，從古老原木腐爛的木漿中生長出小型植物的情況並不罕見。然而，想要把腐爛的木頭放進一般家庭的自然飼育箱裡卻不帶入自然產生的病原體和細菌是不可能的事。掏空原木，填入可行的、健康的底材，你可以在獲得從原木中發芽生長的美麗植物的同時，免去將負面因子帶進飼育箱的風險。

　　我最喜歡的方式是，挖空一段橡木或山胡桃木（這兩者的壽命都比松樹或雪松要長得多，而且它們也沒有常青樹的刺激性樹脂和氣味），然後將堆肥、泥炭蘚、椰子殼、無矽的砂子以三比一比一比一的比例混合成的混合物填入其中。這樣的混合物營養豐富，足以讓植物健康成長，但又保有足夠的通風性，能讓根系快速生長。我會在這種混合物上面加上一叢又一叢的苔蘚並每天給它們澆水，因為如果沒有足夠的水分，這

生態牆

隨著喜歡兩棲爬行動物的人愈來愈多，對自然飼育箱感興趣的人也愈來愈多，只要一不注意，市面上就會又多出了一些新奇的東西。有一樣東西我很喜歡，最近也相當流行，那就是可以在上頭栽種植物的牆，我把它稱為「生態牆」。這種牆面是由壓縮的椰子殼製成的，多孔、輕便、保濕的面板為鳳梨科植物或樹蘭花提供了良好的垂直棲息地，我可以直接把它們種在牆上。同樣的，像是常春藤或雜色常春藤這類爬藤植物，它們的卷鬚在生態牆上也有不錯的表現。某些苔蘚在這樣的板材上也能長得很好。

這些面板由多家公司所生產，尺寸各有不同，也能因應你的箱體切割成適合的大小，再用水族箱用的標準強力膠黏到生態缸的內壁。將其應用在你的飼育箱，可以讓你的自然叢林或熱帶森林飼育箱的精緻與詭麗更上一層樓。

些沒有根的植物會很快地枯萎。隨著時間的流逝，每一叢苔蘚都會慢慢擴張，直到它們接觸到彼此為止，它們最終會完全覆蓋我所挖空的原木表面。這種生態栽植的方法只適用於原木被平放在飼育箱底材上時才能奏效，最起碼原木傾斜的角度也不能太高。小型蕨類植物也能用這種方式種在空心原木上。

還有一種生態種植方式跟這種種植苔蘚的方式很像，但它用的是直立的原木（像樹幹那樣）。在叢林棲息地，找一根直立的樹幹或垂直的原木，在它身上鑽孔。這些孔應該至少要有一英吋（二點五公分）深、半英吋（一點三公分）寬。把小塊的椰子殼塞進這些孔中，而這些混合物的上面可以種植小型的鳳梨科植物。鳳梨科植物，就是人們所熟知的「空氣植物」，原產於中、南美洲潮濕的叢林中，幾乎不需要土壤就可以成長。在野外，鳳梨科植物生長在水氣充足、樹高參天的地面，但在飼育箱裡，只要濕潤的椰子殼就可以讓它們成長了，這種底材能為植物提供充足的水分，同時又不會讓它們窒息，而且還不像其他較大量的底材會對空氣植物細小的根造成影響。用毛線或釣魚線固定這些空氣植物；

簡單地在它們根部周圍打一個小結，但不要太緊，把另一端繫在棲木上。只要一點巧思，小塊的苔蘚或樹皮就能夠把釣魚線隱藏起來。有些業餘愛好者也會用無毒膠水把鳳梨科植物黏在適合的地方。

　　小型蘭花也可以以同樣的方式種到直立的樹枝上。不過蘭花就不能用椰子殼，而是應該要用苔蘚了。這樣可以保持蘭花脆弱的根部濕潤。簡單的說，每隔兩、三天用園藝噴霧器噴濕蘭花與其周圍的苔蘚。由於都遠離於飼育箱的地面，鳳梨科植物和蘭花又被稱為「閣樓植物」。這兩種植物都能給原本不完整的叢林植物飼育箱增添一分完美。務必要把它們栽種得高高的，來達到「叢林樹冠」的效果。雖然它們聽起來不是很精緻，但這些垂直種植的植物可以為自然飼育箱增添一種戲劇性的視覺效果。

　　還有一種生態栽植的方式，那就是將植物栽種在飼育箱內或大或小石頭的角落或縫隙中。首先將一塊較大的石頭固定在底材深處──深到它不會移動或掉落。為了在其表面上種植植被，這種石頭必須有一個坑坑窪窪的表面，至少要有一個凹陷處或裂隙。墨西哥熔岩塊是一個絕佳的選擇，某些花崗岩也不錯。墨西哥的火山岩和花崗岩都是惰性較強的石頭，它們不會輕易分解或是提高飼育箱中的酸鹼值。相對的，石灰岩就是一種容易分解的石頭，主要是由鈣組成，浸在水中就會很快地分解。

寧缺勿濫

在給自然飼育箱施肥的時候，寧可少施肥也不要多施肥。在飼育箱裡添加肥料就像是在菜餚裡面加鹽巴：加太多就沒辦法挽救了，整道菜可能會因此毀掉！尤其是液態或是粉狀的肥料，加進飼育箱之後就很難拿出來了，除非你想打爛整個飼育箱。過多的肥料會使兩棲、爬行或無脊椎動物生病或死亡，它甚至會「燃燒」植物的生命；化學肥料中高濃度的化學物質對大多數植物而言都是致命的。如果你不確定要加多少肥料，那就乾脆不要加，要不然就是加一點點就好──大概是製造商推薦用量的四分之一就可以了。

鳳梨科植物，像是圖中的女王頭，在生態栽植時表現都相當優異，因為它們幾乎不需要土壤就能夠生長。

使用石灰岩或類似的沉積岩都要格外小心。用生態栽植在原木或漂流木的方式來進行：在岩石的凹陷處或裂縫填入適合種植的植物類型的底材混合物。泥炭蘚或椰子殼都是不錯的選擇，你可以在岩石上種一、兩株鳳梨科植物，堆肥與砂子的混合物則能讓苔蘚生長。

如果岩石的凹陷夠深，你也可以種些其他根系更大的植物，像是豆瓣綠屬或是蕨類植物。我看過一些將石頭凹陷處與藤本植物結合在一起的生態栽植，很棒。像是蔓綠絨或其他常春藤（加那利群島常春藤之類的）會在岩石的中空基部生根，並讓大量卷鬚沿著岩石表面向下蔓延，深入到飼育箱的深處。這樣的配置就很令人驚艷了，能呈現出一種歲月的滄桑感；如果這塊岩石位在箱體的高處，它還能突出呈現植物卷鬚的蛇狀長度。

請謹記，即便是惰性最強的石頭，或多或少仍會影響其周圍底材的酸鹼度。如果底材像是岩石類型的生態栽植那樣被石頭所包圍，你種植在岩石凹陷處的植物可能會隨著時間而逐漸受到傷害。大多數植物都能忍受稍高的酸鹼值，但如果你種在岩石凹陷處的植物是喜歡偏酸的環境，你可以使用酸鹼值較低的底材混合物，像是泥炭蘚或堆肥。如果你種植的植物葉子周圍開始泛白或出現枯萎的跡象，那就代表它們已經開始受到底材高礦物質、高酸鹼值的影響。先把植物移出來，用一批新的、酸鹼值較低的混合物取代原有的底材，然後用水徹底沖洗植物身上的有害化學物質。

關於植栽的最後一點想法

不管是種在盆栽裡、種在底材裡還是生態栽植，這些栽種植物的方法都各有利弊，最終還是要由你自己決定哪一種才最適合你的飼育箱。許多生態缸純粹主義者和較嚴肅的愛好者往往都只想用單一一種方法，而不願意採用其他的方式，不過我覺得混搭著用，結合各種方法的優點與優點，創造出一個更為自然的自然飼育箱也是很棒的選擇，你可以把植物種在盆栽裡來保護那些較為脆弱的植物，這樣你就可以提供它們額外的照顧和營養，又不影響飼育箱其他的區域。強壯、健康、易於栽植的品種（蔓綠絨或是花葉萬年青等）都可以直接種在底材裡，讓它們肆意生長在飼育箱中。生態栽植可以塑造出另外兩種栽種方式都無法營造的美學效果。只有結合三種栽種方式才能打造出一個真正的自然飼育箱。

在市面可以上買到椰子殼和軟木樹皮所製成的飼育箱背板，愛好者能藉此將植物栽種在上面。圖中的動物是鈷藍箭毒蛙。

照顧植物

在種下植物的那一刻起，你就必須面對無止境的每日照護工作。不過，不要把這句話想得那麼負面，因為栽種植物是令人興奮且愉快的；看著植物生長，修剪它們、加工它們、把它們塑造成你想要的樣子，這

你可以用釣魚線或膠水將鐵蘭屬和其他鳳梨科植物固定在樹皮或其他陶土裝飾上。

些都是相當療癒的事情。把植物種在飼育箱裡時，澆水是很重要的一門工作，不過關於這一點，讓我們等到第六章再談。

施肥

　　本章節是要講如何照顧植物，而照顧植物的首要問題就是施肥與肥料。什麼樣的肥料能夠安全地施放在自然飼育箱中？如何正確地衡量用量並施用？應該多久施肥一次？什麼樣的植物需要加強施肥、什麼樣的植物需要減少施肥？如果處理不當，這些問題都可能對植物、兩棲爬行或無脊椎動物造成傷害甚至致命。當然，並不是所有類型的飼育箱都需要額外施肥。

　　我能給出最好的建議是，在選擇之前，先充分了解生活在你飼育箱裡面的動物。有些兩棲爬行或無脊椎動物對於肥料和其他化學物質較為敏感，而有些則較能容忍。兩棲爬行動物與肥料之間的接觸距離與程度也與受影響程度息息相關。一般來說，兩棲動物對肥料會較為敏感，所以在兩棲動物居住的箱體中使用肥料是有風險的。

　　肥料另一個潛在的風險是攝入問題。大多數爬行與兩棲動物都不會故意把化學肥料吃進肚子裡，但意外攝入的情況比你想像中要來得多。動物會否容易意外攝入明顯跟動物的飲食習慣有關。如果你的寵物兩棲爬行動物是草食性的，像是綠鬣蜥或陸龜，那麼把肥料施用在植物葉面

別施鹽！

許多合成肥料裡面都有礦物鹽，而這對飼育箱裡的生命是極其危險的。合成肥料中的礦物鹽擔任的是催化劑的角色，它能幫助植物快速吸收肥料中的其他元素。含有這些鹽的肥料通常會被稱為「速效肥料」。在一般家庭的飼育箱中使用這種含鹽的肥料非常危險，它會導致動物脫水、體內化學物質比例失去平衡，植物也會枯萎。在選擇肥料時，要注意有「氯」、「鈉」、「鹽」等字結尾的詞，像是磷酸鹽或硫酸鹽。這些詞都是合成肥料裡含有礦物鹽的危險信號。

時就要格外小心了，因為「在葉子上施肥」加上「兩棲爬行動物會咀嚼葉子」這兩個條件加起來無疑等於危險。兩棲爬行動物還有可能因為喝了吸收化學物質的水而把肥料吞進肚子裡。

施肥時要考慮的第二個問題是植物的需求。沒有一種肥料是適用於所有植物的，也沒有一種肥料能被所有植物接受。這是「植物群落」概念發揮作用的另一個例子。如果你的各種植物對肥料要求都完全不同，你要施肥的時候就會覺得這簡直是一場噩夢。有些植物需要更多的氮，有些植物需要更多的磷，有些植物幾乎無法忍受大量的氮。如果你在飼育箱裡混雜了不同肥料需求的植物，用單一種肥料施用同一種劑量下去，這些植物只會幾家歡樂幾家愁。然而，如果你的飼育箱裡的植物對於肥料的需求大致相同，由於同種劑量可以滿足你所有的植物，施肥就會變成一項輕鬆寫意的工作。

有些肥料施用在飼育箱裡會比較安全，有些就會毒死一片生物，這些有毒物質是你不惜一切代價都應該要避免的。了解肥料之間的不同，知道何時、如何施用它們是給植物提供所需營養的關鍵，同時這也能確保你的兩棲爬行或無脊椎動物的健康。

合成肥料　有時也被稱為「化學肥料」，合成肥料在全國各地的百貨公司、五金行和園圃均有販售。雖然剛開始培養底材的時候可以加進少量

您不能錯過的好書

數萬貓奴同聲讚好，即學即用貓語速成術，讀懂貓咪心思超簡單！

由國內四大獸醫學系暨動物醫院院長聯合導讀推薦，養狗人終身受用的狗狗大百科！

生命中遇見霸凌，該怎麼面對？生活陷入困境的女孩，在黑暗中與人生的轉機相遇──一隻長耳獵犬！

姓名：_____　　　性別：□ 男　□ 女　　生日：西元　　　　／　　　／

教育程度：□國小　□國中　□高中／職　□大學／專科　　□碩士　　□博士

職業：□ 學生　　　　　□公教人員　　　□企業／商業　　□醫藥護理　　□電子資訊

　　　□文化／媒體　　□家庭主婦　　　□製造業　　　　□軍警消　　　□農林漁牧

　　　□ 餐飲業　　　　□ 旅遊業　　　　□創作／作家　　□自由業　　　□其他_____

E-mail：_____　　聯絡電話：_____

聯絡地址：□□□_____

購買書名：_____

・**本書於那個通路購買？**　□博客來　□誠品　□金石堂　□晨星網路書店　□其他_____

・**促使您購買此書的原因？**

□於 _____ 書店尋找新知時　□親朋好友拍胸脯保證　□受文案或海報吸引

□看_____網路平台分享介紹　□翻閱 _____ 報章雜誌時瞄到

□其他編輯萬萬想不到的過程：_____

・**怎樣的書最能吸引您呢？**

□封面設計　□內容主題　□文案　□價格　□贈品　□作者　□其他 _____

・**您喜歡的寵物題材是？**

□狗狗　□貓咪　□老鼠　□兔子　□鳥類　□刺蝟　□蜜袋鼯

□貂　　□魚類　□烏龜　□蛇類　□蛙類　□蜥蜴　□其他_____

□寵物行為　□寵物心理　□寵物飼養　　□寵物飲食　　□寵物圖鑑

□寵物醫學　□寵物小說　□寵物寫真書　□寵物圖文書　□其他_____

・**請勾選您的閱讀嗜好：**

□文學小說　□社科史哲　□健康醫療　□心理勵志　□商管財經　□語言學習

□休閒旅遊　□生活娛樂　□宗教命理　□親子童書　□兩性情慾　□圖文插畫

□寵物　　　□科普　　　□自然　　　□設計／生活雜藝　　□其他 _____

感謝填寫以上資料，請務必將此回函郵寄回本社，或傳真至 (04)2359-7123，
您的意見是我們出版更多好書的動力！

・**其他意見：**

的肥料，好讓植物能在建立根系的過程中獲得額外的養分，但這些顆粒狀的肥料有時並不適用於成熟的自然飼育箱底材中。如果你飼養的是水棲的蛙類或蠑螈，那你就應該要避免使用合成肥料。

　　這些肥料通常很粗糙，它是被設計來施用在花園和草坪等大型開放區域。如果在封閉的飼育箱中使用，很容易就會過量，最終導致植物枯萎，氮和其他元素大量累積，致使兩棲爬行動物的呼吸器官或皮膚受損。兩棲動物對於合成肥料特別敏感。新手應該要避免使用刺激性強的化學物質，改採用較安全、反應較慢的種類。

該施肥了？

並不是所有的自然飼育箱都需要施肥。有充足生物活動的飼育箱可能就不需要肥料，因為兩棲爬行動物的生物廢物會被植物的根系所處理與利用，從而為植物提供足夠的氮、磷和其他營養。如果你種植的植物是綠色的、健康的，而且看起來有長出新葉與長莖的跡象，那你就不需要施肥了。

有機肥料　有機肥料是一種相對較為溫和的肥料，它可以提供成熟的土壤養分。這些化學物質是由植物和動物的殘骸形成的，它們含有天然的良性元素，對於你飼養的大多數兩棲或爬行動物來說都很安全。有機肥料可以持續很久；你的植物也需要更長的時間來吸收和處理其中的營養。

植物本身並不能直接從這些肥料中吸收養分；這些營養物質必須先被生活在底材中的真菌和細菌分解並轉化成更基礎的形式，植物才能吸收它們。這個過程是自然的，對生活

蜻蜓鳳梨，附生鳳梨屬，是大型的鳳梨科植物，中間有個甕形的容器可以儲水。有些蛙類會在裡面產卵。

在飼育箱裡的動物非常安全；肥料養分的分解與吸收都在你的飼育箱中進行，就像在野外一樣。因此，有機肥料的用量非常寬鬆。這種肥料會需要底材中的大量微生物，所以如果你是在一個新建立的、生物活性低的飼育箱中施用有機肥料，成效將會微乎其微。

對飼育箱的施肥要小心謹慎。對於像馬達加斯加蘆葦蛙這樣的兩棲動物，肥料可能就是劇毒了。

葉面肥料　上面上的葉面肥料大多是液體狀的，不過偶爾也會看到粉末狀的。葉面肥料是一種成效迅速的肥料，有些營養是動物排泄物和其他可由根系吸收的肥料所無法提供的，葉面肥料則能讓植物從葉面獲得這些營養。如果使用得當，葉面肥料對於無根植物，如苔蘚、鳳梨科植物和某些蘭花尤其有益。

　　葉面肥料必須放在大型的噴霧器裡面跟水混合後使用，如果兩棲動物或小型蜥蜴會舔食葉面上的水滴的話，那就得要格外小心。使用這種肥料的最佳時間是在清晨，就在你打開飼育箱的燈後不久。在這段時間裡，飼育箱裡每一株植物的葉子都在「甦醒」。隨著細胞的工作和光合作用全面運轉，每片葉子都做好了吸收營養的準備。如果你有兩棲動物或小型蜥蜴，你得先確保牠們不會直接接觸到剛噴灑過葉面肥料的葉子——有必要的話，先把牠們轉移到備用的飼育箱裡面吧。等葉面肥料乾了之後，你才可以把兩棲爬行動物放回牠們剛施肥完畢的家裡。為了

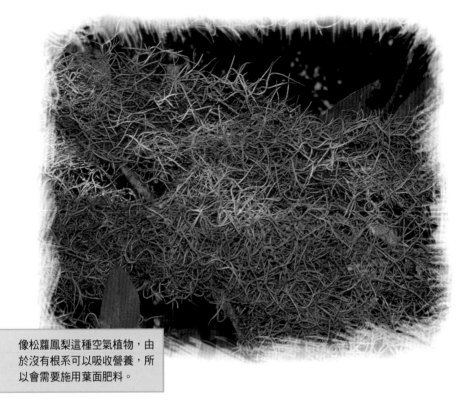

像松蘿鳳梨這種空氣植物，由於沒有根系可以吸收營養，所以會需要施用葉面肥料。

確保你的兩棲爬行動物不會因為接觸到施過肥的葉子而受到傷害，請將葉面肥料的稀釋比例降低到包裝上推薦強度的四分之一到五分之一。稀釋到這種程度能讓你在使用上對於植物周遭的動物更加安全。

水生肥料　在沼澤類飼育箱裡，還有一種肥料可以派上用場。這種肥料是為了錦鯉池塘和進行大量養殖的水族館所設計的，你可以安心地將其用在自然飼育箱中。這些肥料可以在寵物店和專業苗圃中找到，有液態包裝的，也有粉末包裝溶解在水中後使用的，它們對自然飼育箱的底材有神奇的作用，不刺鼻卻又成效迅速。當然，蝌蚪、青蛙、蟾蜍、蠑螈和其他兩棲動物對化學物質非常敏感，所以請把濃度調整到包裝上建議濃度的三分之一或四分之一就好了。水生肥料在為浮萍、鳳眼藍、水芙蓉、睡蓮、白蝶合果芋等植物補充營養這方面表現得相當出色。

第六章

水源與澆水

水源的提供和澆水的動作是維護自然飼育箱的先決條件。看似簡單，但很多愛好者在為飼育箱澆水時卻發生了慘烈的狀況——底材泡水、植物死亡、兩棲爬行動物備感壓力、飼育箱裡飄散臭味——他們為此感到沮喪與疲憊。正如自然飼育箱的其他層面，要把事情做好，你就得先了解水以及水在飼育箱中扮演的是什麼樣的角色。

許多兩棲動物都會在泥炭蘚上進行繁衍。像這隻雄性曼特蛙就正守護著在牠泥炭蘚上的卵。

水的種類

讓我們先從可用的水開始討論起。大多數愛好者會倒進飼育箱裡的水主要有五種：蒸餾水、自來水、井水、雨水和礦泉水。每一種都有其優點與缺點，每一種也都有適用與不適用於你飼育箱的地方。當你在用了某一種水之後，接下來你就應該要繼續用那一種水。突然更換化學成分或礦物質含量不同的水會讓植物休克，還有可能會殺死生活在底材中的有益細菌和真菌。

蒸餾水

蒸餾水是在實驗室中將水蒸發，然後在獨立的容器中從大氣回收水蒸氣而製成的。隨著水的蒸發，它所包含的礦物質和營養物質都被留了下來，收集和裝瓶的只有純淨的水。這些水沒有礦物質、沒有營養，也沒有植物生長所需的其他東西。蒸餾水也會傷害你所飼養的任何水生兩

棲動物。

對於酸鹼值有嚴格要求的食肉植物，蒸餾水可能很有用，其中性的酸鹼值不會影響土壤。不過在絕大多數情況下，蒸餾水都是你應該要避免的選項。

自來水

自來水是由政府的管道抽取水源，在經過淨化、汙水處理、脫鹽或其他方式處理後的水。自來水，不是不能加到飼育箱裡，但它絕對是最糟糕的選擇，因為它肯定含有對其中生物造成危害的化學物質，包括氯和氟化物。含氯的自來水會對完全水生的兩棲動物（像是蝌蚪和蠑螈）產生致命的危險。

如果你一定要用自來水來澆水，就先將它放在開放的容器裡二十四小時，這樣就不會造成那麼大的傷害了。在這段時間裡，大部分的氯和氟離子會逸散到大氣中，水會變得較為純淨。你也可以在水中加入水族箱用的去氯器，它可以去除水中的氯和氨，但它無法去除氟化物。

井水

井水來自土地基岩層的深處，通常含有多種礦物質和溶解元素，尤其是鈣、鈉和硫。（這樣的水通常被稱為「硬水」。）井水在大多數的沙漠類飼育箱中效果很好，因為土壤中的礦物質含量本身就已經很高了。

井水中的礦物質含量高，代表著它的酸鹼值也比較高，也就意味著它不適合那些需要控制礦物質含量與酸鹼值較低的叢林或沼澤類飼育箱。將井水噴灑在蕨類或闊葉植物的葉片上會流下難看的礦物殘渣。井水中還可能含有銅或鋅這類的危險金屬元素。我的建議是，在你把井水加進飼育箱之前，先準備一個水質測量工具和金屬含量檢測儀。如果水

藍色自來水

因為自來水中含有太多的氯和氟化物，使得它對植物和某些兩棲爬行動物都會造成危害，對蝌蚪、蠑螈和幼生蠑螈這類長時間待在水中的兩棲動物傷害特別嚴重。如果把含氯或氟的水加入這些動物居住的飼育箱中，這些動物很可能會得病甚至死亡。先以水族箱用的去氯器處理自然水，再把水加進飼育箱或池子裡。

中含有大量的銅和其他金屬，這種水還是少用為妙。

雨水

在你所能加進飼育箱的水種當中，雨水大概是你最好的選擇，雨水形成的過程中，淨化了水中大部分自然產生的雜質。不要用金屬容器收集雨水，因為會有微量的金屬滲入水中，繼而在你的飼育箱中造成問題。在把收集到的雨水倒進飼育箱之前，務必用咖啡或其他的濾網過濾任何可能存在的碎屑或甚至被淹死的昆蟲。使用雨水的最大優點是雨水裡含有能刺激植物生長的氮。

如果你住的地方會下酸雨的話，那就要避免使用雨水了。你得先確定你收集到的雨水酸鹼值不會低於六點二到六點八。任何低於這個酸鹼值的水都很危險。當然，鹼性的水對於植物脆弱的根系和動物柔嫩的皮膚也都有害。酸鹼值高於七就算太高了。如果你想收集雨水加進飼育箱裡，請去寵物店買一套測量酸鹼值的工具，想把任何水加進飼育箱之前都先檢測一下再說。

礦泉水

隨便找一家零售店你都可以買到瓶裝的礦泉水，它是飼育箱絕佳的水源。不要把礦泉水和瓶裝的純水搞混了，瓶裝的純水幾乎跟蒸餾水沒有兩樣。買礦泉水的時候要仔細閱讀上頭的標籤。只有不含礦物質、鈉、化學防腐劑、香料或其他添加劑的礦泉水才適合加進飼育箱裡。

有些樹棲爬行動物只會在起霧的時候攝取水分，像這隻豹變色龍就以這種壞習慣聞名。

給動植物澆水

對不同類型的水有了更多的了解之後，你有一些方法可以讓飼育箱保持活力與健康。

對苔蘚噴霧

若是要挑選種在飼育箱內的植物，苔蘚是一個很棒的選擇，許多愛好者也都養得很好。在較為複雜的植物中，維管束系統能將養分與水分從土壤輸送到莖與葉，但苔蘚是一種原始類型的植物，它既缺乏高等植物擁有的根系，也沒有輸送養分與水分的維管束系統。相對的，它會藉由與水的直接接觸來獲得水分。當水滴滴落在苔蘚上，它就會打開內部的小管道或毛孔來吸收水分。

因此，你必須每天幫飼育箱裡的苔蘚澆水。玩家只要在苔蘚的底部澆水，很快就會發現苔蘚變暗、變乾、枯萎。幸好，大多數品種的苔蘚都很耐旱，即使是看似枯死了的苔蘚，通常都只要在葉子上澆水就會復活了。

首先，給植物澆水的方法主要有兩種：用噴霧器噴灑，或是在每株植物的根部澆水。

用噴霧器噴

噴霧意思是用乾淨的、溫度合適的水噴灑飼育箱的內部，就這麼簡單。只要向植物的葉子上噴灑，直到葉片上的液滴大到能落到下面的底材上即可。根據飼育箱裡植物與動物的類型，你可能會需要每天噴，也可能不用，一天要噴幾次也不一定。沙漠飼育箱大概每個星期輕輕噴一次就好，而熱帶森林飼育箱就要每天適度噴一次，飼養了樹棲守宮或變色龍的飼育箱就要一天噴上好幾次，因為這些蜥蜴不會從盤子裡面喝水，而是透過吸收微小的水滴來攝取水分。

澆水

第二種提供水分的方式就是在每株植物的根部澆水，而這種方式的細節取決於自然飼育箱內的植物類型。原生於沙漠的植物，只要每幾星期澆一、兩次水就好，當然頻率還要看是哪種植物來決定，用少量的水直接澆灌在植物的根部會有助於植物生長，同時又不會使飼育箱的底材增加過多的水分。相對的，叢林和沼澤飼育箱裡大多都是一些會喝水喝

個不停的植物，在每株植物根部澆一點點水是不夠的，讓底材保持濕潤吧。

為了避免澆灌的水量過多，盡量不要一次幫飼育箱裡的所有植物澆水。如果植物直接種在底材裡，你又一次幫全部的植物澆水的話，底材就會被浸濕。對於大多數的飼育箱來說，這都不是件好事。

在自然飼育箱裡面，植物並不會獨自生長，所以少量的水就可以滿足所有植物對水的需求。幫其中一株植物澆水，水會滲入土壤，到達其他植物的根系。你可以這樣理解：飼育箱裡的植物全都是種在同一個「花盆」裡。當然，把植物種在盆栽裡或是生態栽植就又是另一回事了。

另一個避免澆灌水量過多的方法就是錯開澆水的時間與日期。如果飼育箱裡有四種植物，也許你可以試著先幫其中兩種澆水，下次再幫另外兩種澆水。每個飼育箱都是獨一無二的，你可能會需要反覆試驗才能得到最正確的澆水時間表。透過仔細觀察這些植物和它們的反應，你能得出最完美的澆水週期。通常來說，與其讓植物得到太多水分，倒不如讓它們得到的水分太少，在沙漠類的飼育箱中更是如此。

就算要犯錯，也寧可讓飼育箱裡的植物太乾，而不要讓它們太濕，尤其是蘆薈和其他原生在沙漠環境的植物。

還有另一種調節飼育箱中水量的方法，那就是在飼育箱的地板上鋪上某種類型的地面覆蓋物——任何厚的、天然的、能幫助底材保持水分的材料都行。在林地飼育箱中，你可以把一層一英吋（二點五公分）的堆肥葉鋪在機質上。最上面的葉子會保持乾燥，下面的葉子會較為濕潤，而更下面的底材保有的水分就更多了。

我還有一個從經驗中歸納而出的法則：澆水只要澆一點點就好。比方說，如果你發現你的八角金盤因為缺水而萎靡不振，那就先在它的根部稍微澆

像曼特蛙這種對於相對濕度需求較高的兩棲動物將受益於飼育箱的蒸發式水位。

一點水，六到八個小時之後再觀察看看。如果植物的狀況還是沒有好轉，那就再加點水，直到八角金盤重新活過來為止。如果你覺得植物需要水，請不要把它們泡在水裡。你可以一直加水、加到植物復甦，但是在底材中加水加太多可就真的「覆水難收」了。

蒸發式水位

　　第三種澆水方式僅適用於某些類型的飼育箱。我稱之為「蒸發式水位」，它指的是在給定時間內飼育箱中的液態水或水蒸氣的量。它大致上是一個恆定的數值，而且進階的玩家們發現這種澆水方法可以省下很多維護飼育箱的時間與精力。當然，並非所有的玻璃容器都能維持恆定的的地下水位。如果只靠這種方式澆水，沙漠、稀樹草原、林地和某些山地環境將無法生存。

　　由於水氣會不斷累積在飼育箱內物體的表面，這種生活方式比較適合兩棲動物，但卻不太適合爬行與無脊椎動物。大多數的爬行和無脊椎動物無法長期生活在這麼潮濕的環境中。用固體、不透水的物質（像是玻璃或塑膠）覆蓋住大約三分之二的飼育箱表面，用以建立蒸發式水位。在底材加入適量的水後蓋住飼育箱。當飼育箱裡的水從底材中慢慢蒸發，覆蓋在上面的玻璃或塑膠會使這些水無法像往常一樣逸散到大氣中，相對的，這些水蒸氣會被蓋子擋住並在飼育箱的壁上或植物的葉子

上凝結成水滴。這些水滴重量夠重之後，它們就會像雨水一樣重新回到飼育箱的底材中，然後再次滲透到植物的根系中。

應用了這種能持續保濕概念的的飼育箱非常適合大多數叢林棲息地好動的青蛙和蠑螈們。這種給水方式的好處是飼育箱玩家們不太需要擔心水的問題。玩家們並不太需要在飼育箱中添加額外的水源，也不必擔心飼育箱內的濕度會有大幅的波動。有一好沒兩好，這種給水方式也還是有自己的缺點。

首先，由於水氣會不斷累積在飼育箱的壁上，玩家們對於飼育箱內部的視野肯定會受到影響。另一個缺點，累積的不只是水汽，還有飼育箱裡的排泄物。你飼養的兩棲動物將排泄物排放到飼育箱時，這些含氮的廢物就會被分解，成為蒸發式水位的一部分。藉由水循環回到飼育箱中的水將會被汙染、變得奇臭無比。你所飼養的動物愈多，或是你的飼育箱愈小，這個問題就會愈嚴重。如果是大型飼育箱裡面僅有少量的小

在飼育箱裡面建造一個池塘，你就可以在裡頭養一些水生或半水生的動物，像是牛蛙。

逃生路線

如果你在飼育箱裡面建造了一個池塘，那可別忘了幫你的兩棲或爬行動物設置幾條「逃生路線」，讓牠們在進入水池後可以利用。許多爬行動物的游泳技巧都不是很好，如果池子裡面沒有逃生路線，變色龍、小型石龍子、陸龜，以及所有剛孵化沒多久的兩棲爬行動物，都很容易在池子中溺死。即使是樹蛙、幼生巨蜥、成年的蠑螈這類的游泳健將，也可能因為游泳耗盡了牠們的體力而沒逃過溺死的命運。

對一隻綠樹蛙而言，一根垂直的樹枝或藤蔓就能讓牠從水池中逃出生天，但對於一隻溺水的東部箱龜可就完全派不上用場了。因此，要提供何種逃生路線取決於你飼養的兩棲爬行動物的種類而定。對於體型龐大的兩棲爬行動物，像是烏龜或較大型的蜥蜴，只要有一個斜坡或平緩的池畔就可以了，蛇類或是樹蛙則會需要幾根粗壯的樹枝或藤蔓。如果是水生的蛙類，像是鳳眼藍或水芙蓉之類的浮水植物就能讓牠們平安上岸。

型兩棲動物，那這個問題基本上就不會出現了。

　　將不透水的蓋子從飼育箱上拿掉，並擦拭飼育箱壁上的冷凝物，讓它通風八到十二個小時，藉此控制汙染程度，這樣的工作大概每星期要執行一次。這能讓有害的氨氣或氮氣消散到大氣中，並讓較新鮮的空氣進入到飼育箱中。在飼育箱頂部不透水的蓋子蓋回去之前，用乾淨的水在葉面和底材上噴霧。

　　顯然，這種給水方式僅適合其中動物與植物都能忍受潮濕環境的飼育箱。但就算是兩棲動物可以在這種環境下生存，為了保持充足的通風條件，不透水的蓋子也不能完全封死，起碼要留有四分之一的通風空間。直接位於這個通風區域下方的植物或藏身處會比其他地方要來得乾燥，並為沒那麼喜歡水的兩棲動物提供一個乾燥的避難所，讓牠們有地方可以逃離多餘的水分。

水池

就像建造飼育箱的其他元素一樣，水源可以被各種方式操縱，以滿足進階玩家們的需求，水池和循環水就是這類的好例子。透過掌握這些造物的構造，玩家也就開始得以飼養以往所不能飼養的兩棲與爬行動物。比方說，虎紋鈍口螈、大鰻螈、水螈和各式各樣的水生蛇類，如今可以居住在一個對牠們而言更舒適、更有吸引力的飼育箱。但要記住，建造一個這種較為困難的、跟水有關的結構，最好是在一開始的時候就將其納入考慮當中；在一個已經建造完畢的飼育箱裡要加進水池可不是件容易的事。

建造池子

將飼育箱某處的底材全部挖除，這個地方就是水池的所在。大多數

你可以用塑膠玻璃把飼育箱分成陸地和水域，就像圖中這個飼育箱一樣。

的玩家會喜歡在箱體的一角進行，這樣建造起來會稍微容易一些。進階的玩家可以在箱體的兩端都各挖一個池子，只在中央留下一塊突起的土地，像一座小島那樣。還有些玩家則會反其道而行，他們會在飼育箱的中央開挖，這個水池會被其他底材包圍著。只是這樣的話，因為隔著池子的不只是玻璃而已，飼主其實會看不太到池塘和居住在其中的動物，只能由上往下看，而無法從旁邊進行觀察。

你也可以把水池做成長而窄的樣子，沿著前面的壁貫穿整個飼育箱。藉由將所有的底材推到箱體的後面，挖掘的區域將沿著前壁形成一個長條狀。這是我最喜歡的方法之一，這種外觀不僅獨特，還能讓你以最佳的視野看到水池和水中的動物們。

無論你決定要建造哪一種水池，最重要的還是遵循指導原則，使其成為生機勃勃、欣欣向榮的水池，而不是一個汙濁、惡臭的水坑。

先從飼育箱中挖出所需的底材。去除大部分的底材混合物（如椰子殼和樹皮屑），因為這些物質不會在水中保持靜止，反倒會漂在水面上，把水池弄得髒兮兮的。在飼育箱剩下的區域，把底材堆高——建造好水池後，你會需要留有足夠的土地讓兩棲爬行動物能夠生存。我建議在挖

岸線的建造方法

我的朋友建造了一個美麗的林地飼育箱，裡面有個相當獨特的岸線。在這個林地飼育箱裡，她想出了一個巧妙的辦法，可以永久地將箱體中的水域和陸地分隔開來。

她先從建造一個木製的小坡道開始，這個小坡道完全貼合箱體的寬度。然後她把光滑平坦的鵝卵石放在坡道上，用無毒的黏膠將它們黏在一起。她只把岩石黏在一起，而不把岩石黏在木製的小坡道上。愈來愈多的石頭像拼圖一樣，漸漸把坡道完全蓋住。等到風乾之後，她小心翼翼地將它從箱體中拿出來。然後她把木製小坡道給移除掉，再將底材混合物加到箱體的一半高，確保底材往箱體中水域的那端傾斜。一切準備就緒後，將這個岩石做成的「岸線」結構放在底材的斜坡上，再把水加進去，直到一半以上的岸線被水淹沒為止。

其成果令人驚艷，底材能保持濕潤（岸線沒有完全將陸地封閉起來，但它的密封性又足以防止底材的碎屑流進水池中）的同時，水域又能保持潔淨與清澈。這個人造的岸線非常完美。過了一段時間，藻類開始在人造的岸線上生長，整個結構看起來非常自然。水棲蠑螈棲息在淺灘上，而蝌蚪們則咀嚼著岩石上生長的藻類——這樣的景象證明了一點，在建造自然飼育箱的時候，唯一的限制就是你的想像力。

空的區域留一層細礫石或砂子做為水池的地板。

下一個步驟是要建立穩定的岸線。為了做到這一點，最簡單、最迅速的方法是將幾塊又大又平又光滑的石頭斜斜地放在基板的牆上。以這些岩石來錨定底材混合物的位置，並防止底材在填滿水後被侵蝕、坍塌到水裡。用大量的石頭建造這條岸線，直到岸線上看不到任何底材混合物為止。大量的水會藉由岩石的縫隙滲到土壤中，但你不會希望有底材會從這個途徑回流到水中並汙染你的池子。

等這些岩石被牢牢地固定在一起之後，慢慢地、輕輕地把常溫的水倒進池中，直到水位低於底材頂端兩到三英吋（五到七點六公分）的高

度。水可能要花一小段時間才會夠，不能太多也不能太少，底材混合物可能會吸水也可能不會，這取決於它的成分。無論如何，慢慢地把水倒進去，這樣你就不會一次倒得太多。等到水的高度距離底材頂端約兩到三英吋（五到七點六公分）的時候就可以停止加水了。乾燥的底材會是兩棲爬行動物生活的地方，飼育箱的植物可以牢牢地抓住土壤。有益細菌和真菌也是在這個地方生存。在維護飼育箱的時候，確保水位不要超過這條線，否則飼育箱乾燥區域的生態平衡就有被破壞的風險。

水池的過濾

當然，你還是需要某種過濾的系統來讓水池的水保持清淨。成熟的飼育箱中，錯綜複雜的植物根系可以過濾池水，但我還是會建議多數的玩家使用機械來過濾池水。

如果想把烏龜養在飼育箱裡，過濾器將是不可或缺的。圖中是一隻剛孵化的雞龜。

在明亮的飼育箱池子裡，浮萍會在水面上生長。圖中是一隻南方豹蛙。

根據飼育箱的大小與其中的動植物種類，可供選擇的過濾器種類五花八門。如果你的水池很淺，裡面只有幾隻烏龜，那麼一個掛鉤式的過濾器足矣。只要把過濾器固定在飼育箱的背面或側面，將進水閥桿伸進水池深處，再把過濾器打開就好了。當然，你還是得要確保這個過濾器裡面有合適的活性碳過濾介質，才能有效地去除水中的氨和其他含氮廢物。

不過呢，要是你的飼育箱裡面有小型的水生蛇類或是其他的兩棲爬行動物，牠們就可能會從掛鉤過濾器的縫隙逃跑，因此全潛式的過濾器的可行性將會比較高一些。這種過濾器的外型是一個小型的長方形盒子，只有在完全浸入水中的時候才會起作用。同樣的，你也要先確保它裡面有足夠的過濾介質再把它放進水裡，再把電源線插到離它最近的插座。這種類型的過濾器只有那條線會穿過飼育箱的蓋子，而蓋子通常都可以裁切出適合那條線的形狀，所以兩棲爬行動物要逃跑的機率就小多了。

你所能考慮的過濾器還有最後一種，那就是空氣泡沫過濾器。這種過濾器是由氣流和水的位移所驅動，沒有可以活動的零件，對蠑螈或蝌蚪這些小型或脆弱的兩棲爬行動物沒有威脅。這些動物很容易被掛鉤式或全潛式過濾器所產生的強大水流所傷害或殺死，但優良的空氣泡沫過濾器就不會對牠們產生任何危害。許多飼養兩棲動物的玩家們都很信賴空氣泡沫過濾器；它的電流小，沒有機械零件，不會對水生的兩棲爬行動物造成危險。當然，這種過濾器還是有缺點，那就是過濾水的效率很低，它根本無法處理大量的廢物。

無論你選用哪一款過濾器，你都必須在池子建造完的幾個月內將其架設完畢。隨著時間的推移，植物的根系會在底材中蔓生，等它們生長到水平面下之後，它們就會對水源進行生物過濾，如同自然界的野生植物一樣。

為此，你必須謹慎選擇種植的植物，因為有許多種類的植物無法忍受根部周圍一直維持在潮濕的狀態。竹子、茨菰、綠蘿、積雪草、莎草、菖蒲都是不錯的選擇。浮萍、田字草、水芙蓉、冠果草、滿江紅和鳳眼藍則能在增進美觀與減少水池維護時間方面有不錯的效果。鰻草這類的全水生植物也可以種進池子裡面。

自給自足的池子

如果你讀到這個段落，發現腦海中想要建造一個池子的想法已經揮之不去，但自己建造的又偏偏是乾旱的草原飼育箱，沒辦法建造一個前述所說的池子，那你也別擔心，你還是可以在你的飼育箱裡面挖池子。許多玩家每年都在他們的熱帶稀樹草原或林地的箱體裡建造漂亮的池子，而且也都非常成功。這兩者之間最大的差異就是建造池子的方法不同，到目前為止，我所說的都是貫穿整個箱體的池子，但他們的池子則是用碗

有些陸生植物能以水栽的方式在飼育箱裡生長，像綠蘿在這個養了虎紋鈍口螈與樹蛙的池子裡就活得很好。

或是盤子固定在飼育箱的邊緣。池子的水不會直接接觸到周遭的底材。畢竟熱帶稀樹草原飼育箱必須將濕度維持得很低，除非你的飼育箱真的很大很大，不然還是不要讓池水接觸到底材比較好。如果覺得有疑慮，請愛用濕度計，確保你的池子不會使飼育箱的整體濕度變得太高。

要建造一個封閉式的池子，首先要找到一個合適的碗、盤或是其他可以當作水池的東西。儘量選擇堅固耐用的材質，塑膠如果太薄的話就要避免，因為要是受到重壓或是應力太大它就很容易會裂開來。厚塑膠、壓克力或是玻璃容器都是不錯的選擇。黑色或深綠的物品效果很好，因為它們較能融入大多數林地飼育箱的環境當中，而透明的盤子在沙漠或是熱帶稀樹平原的飼育箱中則表現較為優異。玻璃容器透明的特性可以提供巧妙的偽裝，讓水看起來像是在底材裡面而非碗盤裡，我發現派熱克斯玻璃這類的透明廚具在融入環境這點上，能達到的效果跟墨西哥碗狀熔岩不相上下。

找到合適的物品來做池子後，你就要決定池子在飼育箱中的位置。我會建議把它放在箱體的中央，遠離箱體的玻璃牆。你不可能像水族箱那樣看到水池底下的風光，把碗放在飼育箱的壁部不僅沒有必要，而且還不好看。

決定好了碗的位置，就把飼育箱該處的底材挖出來，將容器放到夠低的位置，讓周遭的底材高於容器頂端八分之一英吋（零點三公分）左右。當你完全把容器放進這個凹槽之後，容器就會完全被底材隱藏起來了。

將容器固定在底材上厚，你就可以開始對它進行偽裝，讓它不要那麼顯眼，儘量讓它看起來像是一個自然的水池。裝滿水，根據寵物的需求，放近一個小型的全潛式過濾器或是空氣泡沫過濾器，當然，別忘了裡面要有足夠的過濾介質。

接下來要做的就是隱藏池子的邊緣，讓它的輪廓不要那麼明顯。如果你把這個容器放進林地飼育箱裡，在容器的邊緣放上一些苔蘚和幾塊扁平的石頭就可以把它遮住了，讓人覺得它是一個安靜的林地水池，彷彿它一直都在那裡。隨著時間，苔蘚會蔓延開來，徹底覆蓋住容器的邊

緣，使其呈現出一種「滄桑」的感覺。將幾片浮萍放進池子裡，還能增強其生物活性和自然外觀。如果你要在熱帶稀樹草原飼育箱裡建造池子，可以用扁平的石頭將容器的邊緣圍起來，或在容器周圍的底材中種植一些較小型的多肉植物，盤子看起來就會像是一片綠洲。如果是這兩種狀況的話，那就要將全潛式過濾器的線埋在底材或是地面覆蓋物的下方藏起來。

池子的維護

　　說到清理和維護池子時，無論是在底材裡挖出的池子還是自給自足的池子，兩者的規則基本上是相同的。找來一支水族箱用的虹吸管，池子需要維護的時候，用虹吸管將水抽出來清理池子。依照池子骯髒的程度來決定你應該要抽出多少水量。比方說，如果你有一隻中等大小的尼羅河巨蜥，牠會把廢物都排泄到自給自足的池子裡，那你可能就需要把所有的水全部都虹吸出來，用紙巾擦拭容器內部，再把乾淨的瓶裝水倒進去。

保濕不潮濕

池子裡的水會隨著時間慢慢蒸發，而水蒸氣會蓄積在你的飼育箱裡。如果你需要讓飼育箱維持在較高的濕度，你可以考慮在飼育箱的箱體一角下方放一個加熱器，再在上面放上碗或盤子；加熱器要埋得夠深，讓它產生的熱量得以有效地傳達到底材中。容器裡的水變熱之後就會迅速地蒸發，並在很短的時間內讓飼育箱瀰漫著水蒸氣。你可以藉由仔細調整水盤底部與加熱墊之間的底材量（底材愈厚，水蒸發的速度也就愈慢）來對加濕器進行微調，或是在加熱墊上加裝一個計時器，這樣它就只會在你指定的時間進行加熱。像是山地角蜥（棘蜥屬）、日行守宮（日行守宮屬）之類的物種和許多兩棲動物都會因為這樣的設計而獲益匪淺。

　　另一方面，如果你建造的池子只是因為藻類的增生而讓你視野受限，你可以不必把水抽出來，只要擦洗玻璃，抽掉水中懸浮的藻類，再重新將水位填補到底材頂端下方二到三英吋（五到七點六公分）的高度即可。池子裡的植物愈多，你就愈不需要經常清理它，因為這些植物的根系就可以讓水保持清淨並消除異味，就像野外一般生意盎然。

造雨

　　液態水位池子能做得到，但自給自足池子做不到的其中一個優點就是降雨。對於想要刺激寵物青蛙、蟾蜍或蠑螈產卵的玩家來說，降雨是一個很棒的方式，同時又能給飼育箱裡的苔蘚和淺層植物澆水。此外，飼育箱內的降雨還能從心理與生理上刺激多種溫帶和熱帶的兩棲或爬行動物。畢竟，在箱體中，你會希望盡可能營造出自然的感覺，而降雨就是大自然很重要的一個環節。

　　第一步，是在飼育箱裡安裝一個強力的全潛式過濾器或水泵，將其放入飼育箱的池子中，並在水泵的排出噴嘴上連接一段透明軟管。軟管要緊貼噴嘴，因為你會需要水泵所能輸出的全部水壓。將軟管的另一端從飼育箱中拉出，把軟管固定在預先鑽好孔的聚氯乙烯塑膠管中，塑膠管的長度約在十二到十八英吋（三十到四十六公分）左右。確保聚氯乙烯塑膠管一側牢固，而另一側則有預先鑽好的十八到二十四個小孔。如果你兩邊都鑽孔，那麼打開水泵的時候，往各個方向噴射出來的水流就會很小。

　　接下來，將鑽了孔的聚氯乙烯塑膠管放在飼育箱的蓋子上，有孔的一側朝下。現在插入全潛式過濾器。如果水管都有接好，那麼接下來應

該會出現這樣的畫面：水泵開始從飼育箱裡的池子中吸水，噴嘴會將水從箱體中抽上來，注入聚氯乙烯塑膠管中，等聚氯乙烯塑膠管裝滿水之後，小水柱就會從管子中噴濺出來，像雨點般落回飼育箱裡。水會滲透進底材中，並同時提供淺根植物水分，然後再回到池子裡。你剛剛在你的自然飼育箱裡創造了一場降雨，恭喜你！

在飼育箱裡安裝噴霧系統將對許多原生於熱帶雨林的兩棲爬行動物有益，如圖中的紅眼樹蛙。

在你準備在飼育箱裡造雨之前，有一點要注意。由於造雨所用的水泵力量勢必比較強大，所以得要先確保飼育箱裡沒有可能會被吸進或接觸到水泵側面的水生的兩棲爬行動物。飼養著蝌蚪、小型青蛙或其他小型或脆弱動物的池子不適合以這種方式進行降雨。

如果你飼養的是一隻大型的兩棲爬行動物，或是一群小型的兩棲爬行動物，那麼在進行降雨之前，你還得先測試池水的酸鹼度和整體的品質。如果池水的酸鹼值低於六點四、含氨量過高、水看起來很髒或是聞起來很臭，那就不能進行降雨。如果這種水被水泵抽上塑膠管再淋到飼育箱裡，肯定會對箱體中的動植物造成嚴重的傷害。

請記住，自然的降雨是讓好的、清潔的、純淨的水返回地表，你所進行的人工降雨也應該要有同樣的效果。如果你不確定池水的品質如何，在降雨前二十四小時內，花點時間把舊的水虹吸出來、用新鮮乾淨的水代替它。飼育箱裡的動植物會因為這個舉手之勞對你感恩戴德的。

第七章

自然飼育箱的種類

我喜歡把這個部分看做是一本食譜：它為你羅列了所有基本元素，以及如何將這些元素混合在一起的公式，你可以從中拼湊出一個平衡良好、功能齊全的自然飼育箱。然而，就像每一本食譜一樣，我的敘述並不一定對每個人而言都適用。我會建議你把茨菰和墨西哥樹蕨種在一起，以提供小型蛙類或蠑螈遮蔽，但你可能會發現，在自己的飼育箱裡綠蘿的表現更加良好。這是建造自然飼育箱最棒的地方；只要你能遵循自然的規律，想像力便會成為你的嚮導。

如果能有潮濕的藏身之處，蛙眼守宮就能在砂質沙漠飼育箱裡生活得很好。

沙漠飼育箱

　　這本食譜的第一道菜，就決定是你了！沙漠！並非所有的沙漠都是一樣的，有些沙漠，像是北美的許多沙漠，是乾旱、多岩石的，裡面有許多植物生存著；但像是北非的那些沙漠，沙漠化的情況往往更加嚴重，基本上沒有植物可以在那裡生存。

　　北非的沙漠環境裡，砂質、乾燥、沒有植物，中非與北美的沙漠裡，多岩石、植被茂盛，兩者之間有著極大的差別，玩家必須根據預定種植在飼育箱裡的動物種類來決定建造的沙漠飼育箱種類。如果這種動物原產於北美或中非的沙漠，那將其飼養在北非風格那種貧瘠、礫石遍佈的飼育箱裡，牠存活的可能性可能就微乎其微。反之亦然，尤其是當你想飼養的是沙蟒這類會在鬆散砂地掘洞的生物時更是如此。簡單來說，你所飼養的動物類型將決定你所要建造的沙漠飼育箱是岩石類型還是砂質類型。

砂質沙漠

　　讓我們先從建造砂質沙漠開始說起。購置箱體的時候要選擇長、寬、矮的類型，因為沙漠環境裡的生物需要的是水平空間而不是垂直空間。這種棲息風格，更大的平面空間絕對比垂直空間重要得多。要建造沙漠環境的箱體必須搭配一個通風性絕佳的蓋子，因為這種類型的箱體不能讓多餘的濕度累積在裡面。

　　沙漠是一個狂風肆虐、酷熱難耐、烈日當空的地方。在這樣的環境中生活是極其困難的，而把這個地方稱為家的動物有非常特殊的適應能力來幫助牠們應付沙漠中的流沙與熱浪。在這些適應能力中最值得注意的一點，也是那些對建立砂質沙漠飼育箱感興趣的玩家最關心的一點，就是這些動物在砂質底材下挖掘洞穴和隧道的習性。許多沙漠動物都是

藉由將身體埋在砂子底下進行漫遊、獵捕、睡覺、躲藏。這種地下的生活方式保護了爬行動物免受烈日的傷害，並使牠們能夠隱蔽起來，不被那些在沙漠表面尋找食物的掠食者發現。

大多數居住在沙漠中的動物都是穴居者，像這隻肯亞沙蟒。

我花了很長時間思考哪些兩棲爬行、無脊椎動物和植物在各種飼育箱中表現最為良好，並在側欄中將其羅列了出來。當然，我不是說這些動植物絕對不會有問題，也不是說牠們適合每個等級的玩家，我只是說，這些物種比較好養、比較不會死而已。

雖然這聽起來很奇怪，但是會在砂子裡鑽來鑽去的物種會讓你的飼育箱一直處於「流動」的狀態。你可能早上起床的時候明明把一件東西擺好了，但晚上回到家的時候，卻發現它已經被翻了過來，還陷進底材兩英吋（五公分）深。扁平的石頭和較小的裝飾性物品，像是你某天晚上放進飼育箱的多肉植物，早上醒來的時候就已經被砂子埋住了。當有會在砂子裡挖洞的爬行動物居住在飼育箱裡時，你會對砂子的流動性感到嘖嘖稱奇；裝飾品會沉到沙子底下，很快就消失不見，就像是把它扔進水裡一樣。

那麼，在裝飾砂質沙漠飼育箱的時候，要怎麼客服這種東西會移動、下沉的問題呢？在把底材裝進飼育箱之前，你就要先把裝飾品放在玻璃基托上。當穴居的爬行動物在砂子裡頭鑽來鑽去時，砂子會被擠開，上面一層的砂子會掉下來填補這個空間。隨著爬行動物鑽來鑽去，裝飾品會愈來愈往下沉。當裝飾品已經低到不能再低的時候，它就不會再繼續往下沉了；如此一來，它也就不會在飼育箱中移動了。

唯一的缺點是，你所要設置的裝飾品尺寸得要非常大才能直接讓底座接觸到飼育箱的底部同時又從底材中露出來。你所要買的裝飾品大概會比你預想中要來得大上三成到五成。

裝飾品 人們會在沙漠飼育箱裡擺放什麼樣的裝飾品？我會建議用漂流木來做為主要的設計元素。漂流木和撒哈拉沙漠邊緣自然生長到枯死已久、被太陽曬得發白的樹枝非常相似，它們在你的飼育箱裡看起來一點違和感也沒有。漂流木在這種類型的飼育箱中也有其實用價值。在飼育箱中以一定的角度固定住漂流木，它就成了爬行動物攀爬與曬太陽的好去處。當然石頭也能做到這件事情，但畢竟漂流木比起同樣大小的石頭要輕上許多了；因此，用漂流木當裝飾品的話，打破飼育箱玻璃的風險也低上許多，如果你想把一顆大石頭放進飼育箱裡，這是你不得不考量到的風險。如果你要將漂流木放進飼育箱裡，請確保它沒有經過油漆或上光。為此，你需要乾燥、清潔、天然的木頭。

雖然比較少見，但是岩石也能放進砂質沙漠飼育箱裡。至於岩石的種類倒不怎麼重要，因為底材的酸鹼值原本就偏鹼性，種植的植物種類也跟著受到極大的限制，岩石分解對酸鹼值的影響可以說是微乎其微。只要岩石在飼育箱裡看起來很自然，你想用什麼石頭就用什麼石頭吧！

植物 在砂質沙漠飼育箱裡，只有少數幾種植物能夠正常生長。我個人比較偏好大戟屬的植物，雖然它們對強烈陽光的需求偶爾還是會出現問題，這些纖細多刺的植物在乾旱的熱帶環境中怡然自得。生長得特別好的品種包括皺葉麒麟、彩葉麒麟和美樂麒麟，這些品種在和小型爬行動物和無脊椎動物養在一起的時候都表現得很不錯。但刺尾鬣蜥或其他大型的鬣蜥科爬行動物就不能跟任何大戟屬的植物養在一起，因為這些草食性或雜食性的蜥蜴會咬開或割開大戟屬植物，而大戟屬植

你可以在寵物店裡買到噴砂過的葡萄藤，它在沙漠環境中看起來渾然天成。

物在受到傷害的時候會釋出有毒的黏液。所有大戟屬的成員都會產生一種黏稠、白色的樹脂，任何爬行動物的眼睛、鼻子或皮膚接觸到這種黏液都會受到傷害。因此，大戟屬的成員最好只跟小型肉食性兩棲爬行動物養在一起。我建議用第五章說過的「種植在盆栽裡」的方式將這些植物種在它們各自的盆栽裡。

結構　先把裝飾品直接擺放在飼育箱的底部玻璃上，然後再開始建造這個沙地沙漠飼育箱。將高四點五英吋（十一公分）、直徑半英吋（一點三公分）的聚氯乙烯塑膠管直立在飼育箱的一角，聚氯乙烯塑膠管的高度要取決於底材的深度，最起碼也要留幾英吋（五公分左右）的高度突出底材，至於為什麼要這麼做晚點會解釋。確保聚氯乙烯塑膠管的底部（接觸飼育箱底部那一端）有幾個小孔。雖然根據我的經驗，沙漠飼育箱能獲益於排水層的少之又少，但還是有些玩家會在飼育箱裡加一層石頭的排水層。然後將氧化矽基砂加進飼育箱裡，砂子的厚度至少要到三點五英吋（九公分）深。看你打算養什麼樣的動物，要鋪得更厚也可以。

　　我建議全部的砂子都要用氧化矽基砂，因為矽砂不太會結成塊。其他的砂子，像是石灰岩或沉積岩，可能會聚積在一起或形成堅硬的岩層，蛇或蜥蜴可沒辦法鑽透它。如果你養的是砂魚蜥這類會頻繁在地下挖掘洞穴的爬行動物，那麼你就需要以矽酸鹽或花崗岩為基礎的砂子，這樣才能讓牠們輕鬆自在地在地底世界悠遊。

加熱與光照　由於砂子的導熱性並不是很好，要對沙漠飼育箱加熱有時

沙漠植物前十名

1. 金晃丸
2. 短葉虎尾蘭
3. 錐序虎尾蘭
4. 紺碧玉
5. 金烏帽子
6. 黃裳丸
7. 牡丹玉
8. 銀虎虎尾蘭
9. 黃邊虎尾蘭
10. 青蟹虎尾蘭

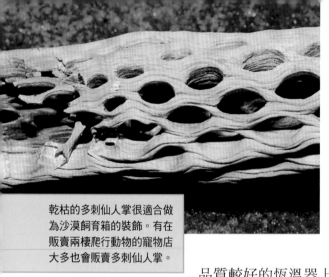

乾枯的多刺仙人掌很適合做為沙漠飼育箱的裝飾。有在販賣兩棲爬行動物的寵物店大多也會販賣多刺仙人掌。

還挺棘手的。我建議放兩個加熱墊在飼育箱底下，如果你的飼育箱比較大，那你可以再多放幾個。這些加熱墊片附著在飼育箱的底部，透過對底材加溫來輻射出熱量。把它們跟其他加熱設備連接到一個品質較好的恆溫器上，以確保飼育箱內的溫度能維持在動植物可接受的範圍內。

　　除了從下方，你也得從上方提供熱能。陶瓷加熱器是許多沙漠飼育箱玩家的最愛，它們能提供驚人的熱能。如果你想在砂質沙漠飼育箱種植植物，那你肯定會需要高瓦數的燈泡，這些燈泡既可以為爬行動物提供熱能，也能為植物提供光照。如果你所飼養的沙漠物種必須透過曬太陽來代謝體內中的鈣質（多數沙漠蜥蜴屬於此類），你大概還會需要一個能發出紫外線 B 波的全光譜燈泡。

水源　雖然沙漠是個非常乾旱的地方，但這不代表生活在其中的兩棲爬行動物就不需要飲水。在野外，這些動物從牠們的食物中獲取所需的大部分水分，但在人工飼養的情況下，飼主必須增加水的供應。這就是前述說到要在飼育箱中安置聚氯乙烯塑膠管的原因。飼主必須每星期在管中注入大量的水，以保持底材的濕度。一般來說，底材面積每兩平方英呎（零點二平方公尺）就需要半杯（約一百一十八毫升）的水。你可以使用濕度計來確保濕度不會太高。

　　箱體的底部不能積水，但同時箱體的底部又應該要保持濕潤。在野外，水分會聚積在沙漠下方，你的自然飼育箱也應該要重現這個特徵。根據你所飼養的爬行動物種類，你也可能需要提供其他的水源，像是水盆之類的。

岩石沙漠

在野外，岩石沙漠跟砂質沙漠有很大的不同，玩家會需要根據這些差異處來建造屬於自己的小小沙漠。首先，還是要選擇一個低而寬的箱體來開始建造你的岩石沙漠飼育箱。跟沙地沙漠一樣，這種環境下的生物群落需要更多的平面空間，垂直空間就不怎麼要求了。

關於光照那些事

不管是哪一種沙漠飼育箱，我都建議使用高於 8%UV-A、UV-B 的燈泡。不只是你熱愛「讚美太陽」的爬行動物每天都要在它底下待上十二到十四個小時，飼育箱裡的植物也需要它。

底材 底材的混合物主要還是由砂子構成。試著找一種好的、粗糙的砂子，像是在小溪或河岸上發現的那種。避免使用遊戲砂或以石灰岩為材質的砂，因為這兩者的鹼性極強，植物的生長可能會因此而受到抑制。適合這類飼育箱的砂子要夠鬆夠軟，任何原生於沙漠的爬行或無脊椎動物都要能在裡面挖掘洞穴和庇護所，就像牠們在自然界一般。

找到砂子之後，買一些切碎或是磨細了的椰子殼，亦稱作椰棕纖維。將椰棕纖維弄濕、瀝乾，然後找一個大桶子，將椰棕纖維與砂子以一比二的比例充分混合。另外，我建議每二點五加侖（九公升）的混合物就加入四分之一杯（六十毫升）的有機肥料和四分之一杯（六十毫升）的微量礦物添加劑，以促進植物生長。充分攪拌，使肥料能夠均勻地混入底材中。我把這種底材稱為沙漠「硬包」混合物，數十年來，這玩意兒讓我和不少其他玩家都獲益匪淺。

除非你要擺進飼育箱裡的裝飾品真的很重，不直接接觸到飼育箱底部會穩定性不足，否則我會建議先將上述的底材混合物先放進飼育箱裡，然後再加進植物或裝飾。許多居住在這類沙漠的物種都精於挖坑，甚至連小型蜥蜴都是箇中好手，但如果你真的不確定你飼養的爬行動物到底有多會挖洞，那你還是把所有的大型裝飾全都固定在飼育箱的底部好了。預防勝於治療嘛。

玫瑰蟒是沙漠爬行動物
中很受歡迎的一種。

根據你的飼育箱大小，我會建議底材混合物層最好要有四到五英吋（十到十三公分）深。底材混合物愈深，環境對於那些你可能飼養的穴居物種就愈友善，因為在野外，這些物種可以在底材中鑽洞，挖掘出深邃、複雜的坑道。

裝飾品　將底材混合物鋪好後，把裝飾品散置在飼育箱當中，既美觀又符合爬行動物的需求。岩石結構並非要是某種特殊類型不可，但大多數的天然沙漠都有一種特殊的岩石。由於飼育箱裡面不會有大量的水，所以石頭的分解和礦物質滲入底材中不會是什麼大問題。不過，花崗岩怎麼說都是分解較為緩慢的類型，如果箱體比較大，你也可以考慮大塊的墨西哥碗狀熔岩或某些板岩或頁岩。從亞利桑那州和猶他州開採的岩石往往會有鮮豔的紅色和橙色，這肯定能為你的岩石沙漠飼育箱增添一種火焰搖曳般的動感。一樣能在亞利桑那州找到的石化木片不僅有趣，放在飼育箱中更是渾然天成。

選擇石頭的時候，我會建議你跑一趟採石場或寵物店。像洞穴和低矮的岩石墩這類牢固的岩石結構（別鬆散地堆置石頭，以免它們倒塌下來）能讓環頸蜥、針蜥和鞭尾蜥蜴等蜥蜴類物種在上面做日光浴。經驗老到的飼主——能夠滿足蜥蜴對吃小螞蟻需求的飼主——也可能會用同樣的配置來飼養一隻或幾隻角蜥，雖然說找到螞蟻來餵蜥蜴還比較困難就是了。同樣的，沙漠中的蛇類，像是玫瑰蟒、貝爾德鼠蛇和大多數的沙漠響尾蛇，都喜歡擠進岩石堆中的裂縫或縫隙裡，享受其中的舒適與安全感。不同高度的岩石也提供了垂直的溫度梯度，爬行動物們會好好利用它的。

在岩石沙漠飼育箱中也有木頭的一席之地。風乾的漂流木——那些

建造岩石沙漠飼育箱的過程：一、以四比一的比例混合砂子和椰棕纖維，將底材混合物放進飼育箱裡。二、加入盆栽仙人掌（黃輝玉和天照丸），將花盆埋進底材中。三、加入小型岩石，做為遮蔽和曬太陽的地方。如果你打算養的是穴居或是非常好動的品種，把岩石放在飼育箱最底部會比較好。

看起來粗糙、飽經風霜、日曬褪色的漂流木——不僅外表美觀，在構圖上也能加分不少。噴砂過的葡萄藤和軟木樹洞也是上乘之選，後者還能為動物們提供絕佳的藏身之處。以垂直或是傾斜的角度放在飼育箱裡，這種木頭可供爬行動物攀爬，水平放置的漂流木則可以做為藏身之用。

植物 在非生物的裝飾品各就各位後，接下來就該放一些植物進去了。說到沙漠中的植物，大多數人腦中浮現的都是高大的仙人掌或是矮胖的多肉植物。雖然這些植物確實存在於美國西部的岩石沙漠中，但它們倒不是最常見的植物。

有很多種多肉植物、灌木和木莖植物能在前述的「硬包」底材混合物中成長茁壯，而其中比較優秀的品種要屬：長生草、擬石蓮花、蘆薈、佛甲草、肉錐花、虎尾蘭、魔星花、十二卷等。老實說，在岩石沙漠飼育箱的環境下，能夠成功種植的植物種類實在太多了，用一整本書的篇幅也不見得寫得完。我還是建議你花點時間和精神為自己的飼育箱找到合適的植物，別急，慢慢選，挑些你喜歡又不會對爬行動物造成傷害的吧。

守宮和埃及陸龜會需要潮濕的藏身處。鬍頰蜥和刺尾鬣蜥會吃植物，請謹慎選擇你要放在飼育箱裡的植物。

首先要避免的就是帶刺的仙人掌和會分泌有毒樹脂的品種。因為你的飼育箱不是很高，所以就別找那種會長得很高的植物來種在你的小小沙漠裡了。會開花的仙人掌，像是青鎖龍和伽藍菜都會長出長長的穗狀花序，甚至可能會比仙人掌本身還要高出幾英吋（約十五公分）。你不會希望這些開花的穗狀花序長出箱體的。記得別在岩石沙漠飼育箱裡面種太多植物，太多植物會把箱體中的相對濕度拉高，在沙漠環境中這可是會產生各式各樣問題的。

不要太常給岩石沙漠飼育箱澆水。大多數多肉植物的根都很淺，所以最有效的澆水方式是用手持式噴霧器在植物根部周圍噴一點點水就好。絕對不能給整個飼育箱的底材澆水，因為這些植物已經適應了岩石和砂子的環境，這些植物大概八到十天才會需要澆一次水，具體的頻率要視品種而定。我聽過一句關於給沙漠飼育箱植物澆水的口訣，而這句口訣我一直記到現在：「澆一遍，等十天。」岩石沙漠飼育箱裡的植物澆水過後，等十天之後再澆。多年以來，我斷斷續續地照顧了不少岩石沙漠飼育箱，我不得不說這樣的澆水方式真的挺有效的。

加熱與光照 岩石沙漠飼育箱的加熱與光照取決於其中爬行動物與職務的需要。大多數的岩石沙漠飼育箱都適合十二到十四小時的全光譜照明，能同時發出 UV-A 和 UV-B 的最好。我推薦去找能發出 8% 以上

UV-B 的燈泡。

在飼育箱的一側放置白熾聚光燈來製造出一個曬太陽的地點。把一堆岩石或一段傾斜的漂流木直接放在光線底下，爬行動物會爬上去讓自己更貼近熱源與光源。一般來說，岩石沙漠中會在白天活動的蜥蜴們需要最佳的光照，因為這些熱愛太陽的動物需要強烈的日照和許多的熱量才能成長茁壯。

我會建議飼主把曬太陽的地方溫度調整到華氏九十到九十五度（攝氏三十二點五到三十五度）左右。另一方面，大多數生活在沙漠中的蛇類和晝伏夜出的蜥蜴就不需要這麼多的光照和熱量。這些動物可能只需要中等強度的光照，足夠模擬日夜循環和提供充足視野就可以了。植物也需要或多或少的光照，選擇植物的時候別忘了它們對光照的需求，如果你種在飼育箱裡的植物對於光照的要求都不一樣，那就可能產生需要光照的光照不夠，不需要那麼多光照的光照又太多的情況。

稀樹草原飼育箱

熱帶稀樹草原屬於半乾燥的環境，有點像前述兩種沙漠環境，但植物比沙漠要來得多上許多，它代表了沙漠與森林之間的過渡地帶。雖然空氣乾燥，但是熱帶稀樹草原的年降雨量仍比沙漠高上不少，土壤既不是沙地也不是硬梆梆的底材。它是生物群落之間的邊界，而且不斷變化。熱帶稀樹草原上的植被會隨著季節變化而改變，在一般家庭的飼育箱中，老化或是瀕臨死亡的植物有時也需要用新鮮、有活力的植物來加以替代。

熱帶稀樹草原的生物群落非常適合各式各樣的大型蜥蜴，像是巨稀和髭頰蜥。大量的赤道非洲蛇類也把這個地方當作自己的家，像是蟒蛇、腹蛇和許多的無毒蛇類。

金烏帽子有時也被稱為兔耳仙人掌，如果提供明亮的光線，它就能在沙漠飼育箱中生長得很好。它柔軟的刺對於大多數的兩棲爬行動物都不會造成威脅。

飼育箱的參數

下列是各種自然飼育箱的基本參數。這些數字只是基本參考之用，每個參數都還必須因應所飼養的物種進行調整。

飼育箱種類	溫度範圍	相對濕度	通風要求	寵物種類
砂質沙漠	華氏 80 ～ 110 度 （攝氏 26 ～ 43 度）	<50%	高	爬行動物、無脊椎動物
岩石沙漠	華氏 80 ～ 100 度 （攝氏 26 ～ 38 度）	<50%	高	爬行動物、無脊椎動物
稀樹草原	華氏 75 ～ 95 度 （攝氏 23 ～ 35 度）	50% ～ 60%	高	爬行動物、無脊椎動物
山地森林	華氏 70 ～ 85 度 （攝氏 21 ～ 29 度）	60% ～ 75%	中	爬行動物、兩棲動物、無脊椎動物
熱帶叢林	華氏 80 ～ 100 度 （攝氏 26 ～ 38 度）	70% ～ 85%	中	爬行動物、兩棲動物、無脊椎動物
半水生	華氏 75 ～ 100 度 （攝氏 23 ～ 38 度）	70% ～ 85%	中	爬行動物、兩棲動物

箱體

在熱帶稀樹草原箱體的選擇上，要挑選寬而長還要有一定高度的箱體，高度大概會需要十八英吋（四十六公分）左右。大多數生活在熱帶稀樹草原上的兩棲爬行動物會需要很寬廣的地面空間，不過某些巨蜥或蛇類也可能需要架高、可供攀爬的樹枝。如果你想飼養的是樹棲物種，那箱體的高度就要再更高一些。

底材

到目前為止，我們所看到的飼育箱類型中都是屬於第一種類型，我會建議飼主在這類箱體底部放置一層淺淺的鵝卵石以幫助排水。稀樹平原飼育箱裡面的水量沒有多到需要設置排水層的地步，但還是有些巨蜥對水分的需求要比其他種類要來得多，而在稀樹草原飼育箱中所使用的一些植物對水分的需求也可能要比其他種類要來得多。所以說，箱體裡面最好還是要有一層排水層在，以備不時之需。排水層的深度以不超過一點五英吋（三點八公分）為佳。

源自美國中西部的疣唇蛇適合岩石沙漠飼育箱，但牠們通常以蜥蜴為食。

往上一層是一到一英吋（二點五到三點八公分）的樹葉堆肥。這些樹葉不能與過多的底材混合，因為你需要它們產生的有益細菌和真菌，但如果這層堆肥太淺，它們又會因為乾燥而使得其中的真菌死亡。如果植物的根系能穿透這一層樹葉堆肥，植物將能夠享受堆肥所帶來的好處，繼而茁壯成長，但上層的混合物仍要保持乾燥。

鋪完鵝卵石和樹葉堆肥後，接下來是非矽基砂與濕潤的椰棕纖維以一比二比例混合的混合物。你可以在這個混合物當中按比例加入四分之一杯（六十毫升）的有機肥與微量礦物添加劑，以確保能有足夠的營養物質被緩緩地釋放到底材中。你可以根據你所飼養的兩棲爬行或無脊椎動物種類的穴居需求，來調整這層底材的深淺。如果是巨蜥和陸龜，這一層底材可能就要深一點，相對的，壁虎和蛇類就不會在意這層底材的深淺了。

裝飾品

底材鋪設完畢後，接下來你該考慮的就是裝飾了。漂流木可能是你最好的選擇，當然，樹皮、大塊岩石或是露出地面的石頭也都不錯。此外，枯死的仙人掌還能為熱帶稀樹草原的植物群落增添一個獨特的亮點。

在熱帶稀樹草原飼育箱中放置石頭時，務必採用看起來自然但又不會將鈣或鈉滲入環境中的石頭。在這種類型的飼育箱中，使用富含鈣或鈉的石頭（像是石灰岩）也不是不行，但要避免向這些石頭澆水，甚至在這些石頭周圍澆水也不行。紅色的石板瓦和其他色彩鮮豔的石頭（來自澳大利亞、猶他州、亞利桑那州的是上上之選）是熱帶稀樹草原上最吸引人的風景。

植栽

使用幼生刺槐或是叢生的草類，因為在自然界中，熱帶稀樹草原是以其綿延起伏的草原與草木茂盛的山丘而聞名。絆根草是一種非常適合在強烈光照條件下種植的植物，因為它的匍匐根會在底材中蔓生，最終佈滿整個箱體。小麥也是一個很好的選擇，它為愛草的物種提供了絕佳的植被。

在一般家庭的飼育箱中種草最主要的缺點是必須經常進行更換。大多數適合在飼育箱中生長的草類壽命都不是很常，需要每年挖除並更換。這使得熱帶稀樹草原的維護難度成為所有飼育箱種類之冠。

當然還有其他植物也適合在熱帶稀樹草原上種植。像是杜松、無花果、酒瓶蘭這類灌木和木莖植物，以及各種大戟屬和虎尾蘭屬植物都可以長期種植在飼育箱裡。如果可以每季都進行修剪，杜松會是熱帶稀樹草原生物群落的理想植物，它能為小型蜥蜴與蛇類提供遮蔽與攀爬的地點，更能讓蛇類有磨擦蛻皮的去處。杜松也是一種很吸引人的植物。如果修剪得宜，杜松灌木能讓你的熱帶稀樹草原飼育箱呈現出一種滄桑與崎嶇的外觀。此外，在一般家庭飼育箱裡，杜松幾乎沒有被養死的記錄。只要你對建造熱帶稀樹草原飼育箱有興趣，你就應該考慮用些杜松在飼育箱裡，尤其是較為低矮的品種。

由於適合種植在熱帶稀樹草原飼育箱裡的草壽命往往比較短，許多玩家會偏好使用種在盆栽裡的種植方法。他們認為，當植物需要更換的時候，只要把盆栽挖出來，再把新的盆栽塞回去就好了，輕鬆、愉快。或許是如此吧？但我發現，如果能夠將這些草直接種在底材裡，它們的通常會活得比較久一些。要是把它們種在盆栽裡，這些植物

有數種犰狳蜥可以在熱帶稀樹草原或岩石沙漠飼育箱裡生活。犰狳蜥是非常難得一見的物種。

巨蜥與草類

如果你在熱帶稀樹草原飼育箱裡種植高度較高的草類，你就可以看到特別的巨蜥獵捕行為。在野外，數種巨蜥都經常在較高的草叢中獵食，包括砂巨蜥與草原巨蜥。為了尋找獵物，這些肉食性的巨蜥會用後腿站立起來，用尾巴做為第三個支撐點，從草叢中探出頭來。在一般的飼養條件下，這種情況很少發生，但在寬敞的（起碼要房間大小）熱帶稀樹草原飼育箱裡面，你倒是可以經常看見這樣的情景。

就不會把根系深入到底材的樹葉堆肥層；因此，它們不會從樹葉堆肥層獲得營養與微生物帶來的益處。此外，許多小型巨蜥和其他熱帶稀樹草原上的蜥蜴都喜歡在這些植物的根部附近挖洞。在野外，植物的根系除了能為蜥蜴提供涼爽的蔭涼處，還能吸引昆蟲和囓齒類動物作為蜥蜴的食物。這就是我認為最好用種在底材裡的方式來種植植物的原因。

熱帶稀樹草原飼育箱大概每五到八天需要澆水一次，這取決於你所選擇的植物對水的需求。就像在岩石沙漠飼育箱，水只能澆灌在植物的根系附近，不能使底材變得潮濕。

加熱與光照

熱帶稀樹草原飼育箱的加熱與光照的方式與岩石沙漠飼育箱相當類似。紫外線是不可或缺的，除此之外還必須視你所飼養的兩棲爬行動物的需求增添加熱燈或陶瓷加熱器。熱帶稀樹草原上的白天很長，所以在夏季每天要開十二到十四小時的燈，冬季的時候則要開八到十小時的燈。

山地森林飼育箱

列表上的第四種是山地森林或說溫帶森林飼育箱。由於濕度適中、土壤肥沃、植被低矮，山地森林飼育箱可以容納來自世界各地各式各樣的兩棲爬行和無脊椎動物。生長在山地森林的植物種類也極為繁多。事實上，在建造山地森林飼育箱時，由於有著相當大的多樣性，你幾乎找

不到兩個相似的飼育箱。

箱體

要建造山地森林飼育箱，首先得從選擇合適大小的箱體開始。與前面討論過的沙漠飼育箱不同，山地森林飼育箱所需的高度比較高，最好不要低於二十四英吋（六十一公分），因為這樣的高度對於樹棲兩棲爬行動物與一些較高的植物的長期生長而言都是不可或缺的。由於山地森林飼育箱的濕度要求較高，對於通風條件的要求也較高，應該同時使用絲網蓋與不透水玻璃或丙烯酸材質的蓋子。用絲網蓋蓋住箱體的整個頂部，這樣可以在保有足夠通風條件的同時防止兩棲或爬行動物逃跑；最後再用丙烯酸材質或玻璃製成的蓋子蓋住頂部的一半，這有助於讓箱體內保有足夠的水分，以保持適當的相對濕度。如果你有疑慮的話，可以用濕度計來監測箱體內的相對濕度，確保這個濕度對動物來說不會太高也不會太低。

底材

選擇完箱體之後，接下來就是要調配底材混合物。我發現有個山地森林飼育箱底材的好配方：一份磨碎的棕櫚樹皮，一份磨碎或切碎了的椰殼纖維，一份蘭花樹皮，再加上兩份的樹葉堆肥。這種成分的混合物是絕佳的山地森林飼育箱底材，它有良好的排水機能，但又能保留足夠的水分讓植物生長。質地輕，酸鹼值為中性或弱酸性，對許多植物的根

系相當適宜。樹葉堆肥使得這樣的混合物當中具有高度的生物活性。在製作混合物的時候，每兩加侖（七點五公升）的混合物中加入一點五匙的有機肥料和兩匙的有機氮補充肥料（像是血肥之類的）。

在把底材鋪進飼育箱之前，在箱體的底部放置一點五到兩英吋（三點八到五公分）深的礫石來當作排水層。在這些石頭上鋪上一層厚厚的底材，我建議最少要有四到五英吋（十到十三公分）深。與沙漠飼育箱不同，這種底材相當穩定，除非你想養的是大型的穴居兩棲或爬行動物，否則它幾乎不會移動。四到五英吋（十到十三公分）的深度能讓大多數的植物（甚至是能生長到很高的植物）牢牢地抓住土壤。

植物

好消息是，這種飼育箱裡可供選擇的植物種類多不勝數。只要你去當地的苗圃或溫室，任何能在溫帶棲息地成長的物種都是你的選項之一。蕨類和常春藤是很好的地面植物；較高的植物則包括茨菰、楤木，還有某些品種的蔓綠絨、豆瓣綠和八角金盤。

由於山地森林飼育箱的底材相當耐久，植物可以採用直接種在底材中的方式。如果你要種植的是幼生或較脆弱的（剛修剪過或剛生根的）植物，你可以把它種植在會分解的盆栽當中。

有幾種無脊椎動物能在熱帶稀樹草原飼育箱中生活得很好，像是圖中這隻紅腳狼蛛。

地面覆蓋物

底材和植物都就位了之後，就該考慮用什麼樣的地面覆蓋物了。地面覆蓋物是山地森林、熱帶叢林與沼澤飼育箱中不可或缺的元素，但在沙地沙漠和岩石沙漠飼育箱中則是不必要的。任合土壤必須保持高濕度的底材都得要有某種類型的地面覆蓋物，才能防止底材混合物乾燥得太快。

在山地森林飼育箱的底材上鋪上

一層熱帶苔蘚或是厚厚的樹葉堆肥。苔蘚會很快地在飼育箱的地面形成厚厚的地毯，它能有效地保持底材中的水分。如果你技術還不到家，沒辦法種植苔蘚地毯（或說你養了一隻巨大的兩棲爬行動物，牠會踩爛或破壞苔蘚），那你可以在底材上鋪設一層樹葉堆肥，這樣的做法也能讓底材保持足夠的濕潤。在箱體內的高大植物根部附近，地面覆蓋物還要再加厚，這樣才能保證它們的根系無論何時都能保有充足的水分。

裝飾品

地面覆蓋物鋪設完畢後，就該輪到裝飾品了。山地森林飼育箱的裝飾比先前討論過的飼育箱都還要複雜一些。因為山地森林飼育箱的濕度適中，任何置於飼育箱內的岩石都會被迅速分解，所以必須避免使用石灰岩或白堊岩，因為它們在山地森林飼育箱這種半濕潤的環境中分解的速度太快了，它們會將其中的礦物質分解到土壤當中，大幅提高底材的酸鹼值。山地森林的植物很少有能夠抵禦過高的酸鹼值的。

你可以把火成岩放在山地森林飼育箱中，雖然說它們看起來跟環境會

建造山地森林飼育箱的步驟：一、在細礫石排水層上鋪設椰棕纖維與落葉堆肥混合而成的底材。二、在底材上鋪設落葉做為地面覆蓋物。三、植物直接種在底材裡面就好。這個飼育箱裡的植物是常春藤與苔蘚。

有點格格不入。花崗岩之類的變質岩可能會是山地森林飼育箱的最佳選擇。它們自然生成在山地森林與溫帶森林當中，不太容易分解的性質也不會對飼育箱中的植物或兩棲爬行動物產生負面的影響。

在把木製結構放進山地森林飼育箱時，也應該要採取類似的預防措施。大多數的木材都很容易變質和長真菌，尤其是固定在潮濕底材上的那一端。記住，這樣的情況是再自然不過了，甚至還可能對飼育箱有益，但是當封閉的飼育箱環境裡生態失去了平衡，真菌可是會以爆炸般的速度增生的。

如果你打算在飼育箱裡使用大量的木質裝飾，你可以考慮增加落葉堆肥的比例（增加三份左右）到最一開始的底材混合物中。這將確保有益細菌與真菌能在混合物中無所不在，並減少有害真菌與細菌爆發時所產生的威脅。植物密度相對較高（超過百分之四十地面覆蓋）的飼育箱也較不容易受到真菌或細菌活動不平衡的影響。

苔蘚的煩惱

我唯一一種不推薦在山地森林飼育箱中使用的溫帶植物就是溫帶苔蘚。雖然我們在樹林裡面看到的青苔鬱鬱蔥蔥、生機勃勃，但這只是因為去年冬天它們處於休眠狀態。溫帶苔蘚想要在來年再次出現並茂盛生長，就必須有一段黑暗而涼爽的時期，就像自然界的冬天那樣。但你很難在一般家庭的飼育箱中模擬出這種狀況，溫帶苔蘚就無法在其中生存得太久。相對的，你應該採用的是熱帶苔蘚，它不需要這種「停機時間」就能成長茁壯。雖然它們跟飼育箱中的溫帶植物來自不同的自然植物群落，但熱帶與亞熱帶的苔蘚仍會在自然飼育箱中蓬勃生長。

加熱與光照

由於山地森林飼育箱的底材密度太大了，在箱體下方裝置加熱設施是沒有用的。如果這麼做的話，甚至還會導致底材深處的水分蒸發過快。你應該用懸掛在飼育箱上方的螢光燈或白熾燈來為山地森林飼育箱提供加熱與光照。

這個山地森林飼育箱裡的動物有疣尾蜥虎和沙氏變色蜥,而植物則有蔓綠絨、常春藤和聖誕耳蕨。雖然是人工建造的,但後面的圍籬卻讓這個飼育箱顯得匠心獨運。

山地森林兩棲爬行動物前十名

1. 綠變色蜥
2. 美國蟾蜍
3. 東部箱龜
4. 綠樹蛙
5. 糙鱗綠蛇
6. 義大利壁蜥
7. 疣尾蜥虎
8. 非洲森林石龍子
9. 蛇蜥
10. 東部奶蛇

大多數生活在山地森林中的兩棲爬行動物並不像在沙漠裡的兩棲爬行動物需要那麼多的紫外線,所以你不必購買能提供強烈紫外線照射的燈泡。然而,某些山地森林的物種,尤其是在白天活動的蜥蜴,仍然需要一定程度的紫外線照射,因此你可能還是需要能發射 UV-B 波的全光譜燈泡。在購買燈具之前,要先做好功課,了解你家兩棲爬行動物的照明需求。

在自然界中,低矮的山地森林植物生長在陰涼的地面上;

因此它們對直接光照的需求並不是很強烈。大多數溫帶植物會需要這種陰涼的環境，因為它們葉子與莖的細胞結構在受到強光或高溫時會分解，就像人被嚴重曬傷時會產生的反應差不多。如果你的照明設備提供了太多的光照或熱能，山地森林植物就會迅速地枯萎或甚至被燒焦。

說到山地森林飼育箱，綠樹蛙是廣受推薦的飼養物種。牠們能跟其他種類的小型青蛙和蜥蜴，像是變色蜥、守宮和石龍子，一起飼養。

熱帶叢林飼育箱

接下來要說的是我認為最為流行的一種飼育箱：熱帶叢林。有時也被稱為熱帶森林，熱帶叢林飼育箱在設置與底材上與山地森林飼育箱極為相似，不過對熱能、光照和濕度的要求則略有不同。

箱體

熱帶森林飼育箱與沙漠飼育箱截然相反，其生物群落需要較高的箱體才能成長茁壯。我建議使用的箱體高度不要低於二十四到三十英吋（六十一到七十六公分），這樣植物才會有空間生長，你也才有地方施展對棲息地的垂直建設。許多可以在叢林中生存的兩棲爬行或無脊椎動物都是樹棲或是半樹棲地，如果把牠們飼養在一個無法爬樹、向上探險的環境中，這些動物就會備感壓力，繼而可能罹患相關的疾病。樹棲的蟒蛇、狐猴、樹蛙和蜥蜴想要順利成長，足夠的垂直空間是不可或缺的。你為熱帶叢林飼育箱提供的箱體愈高，對住在其中的植物和樹棲動物來說就愈好。

底材

在選擇了高度足夠的箱體之後，在箱體底部放置一到兩英吋（二點五到五公分）深的礫石層，做為萬一箱體中的水量過多時的排水層。排

水層的上方是四到六英吋（十到十五公分）深的底材混合物層。適合熱帶叢林飼育箱的混合物中包括了一份椰棕纖維（或是碾碎了的椰子殼）、兩份蘭花樹皮、兩份樹葉堆肥、和一份碾碎了的棕櫚。和山地森林飼育箱的底材混合物一樣，在其中再加入兩匙有機、通用肥料和兩匙的微量元素，以幫助啟動底材內的生物循環。

裝飾品

　　熱帶叢林飼育箱中的岩石要用哪一種是個很棘手的問題。如你所知，有些岩石在長期潮濕的環境中很容易分解。所以在熱帶叢林飼育箱中，各種的沉積岩都是**必須避免**的。如果必須要在熱帶叢林飼育箱中放置岩石，可以採用墨西哥火成岩或是其他類似成份的岩石。然而你會發現，在大多數的熱帶叢林棲息地

這個高大的熱帶叢林飼育箱裡有一隻翠綠色的翡翠樹蚺。如果要飼養這個物種，請注意牠所需要的水平棲木。

裡，幾乎沒有什麼空間可以讓你放置岩石。大多數建造熱帶叢林飼育箱的玩家對與叢林有關的植物會更有興趣，所以他們並不會考慮岩石的問題。不過，在更進階的叢林棲息地中，許多玩家還是會在他們精心打造的叢林池塘和蕨類遍佈的溪流中放置各式各樣的火成岩與變質岩。

植物

　　說到熱帶叢林飼育箱中的植物與裝飾品，選擇可說是五花八門、令人目不暇給。其中蘭花、非洲菫和鳳梨科植物特別受到歡迎，但是還有許多種類和品種可以選擇。我可以輕易地花上整本書的篇幅來討論適合

建造熱帶叢林飼育箱的步驟如下：一、在底部放置幾英吋（十公分左右）深的細礫石來排水。二、添加幾英吋（十公分）適合植物生長的底材，像是椰棕纖維、泥炭和落葉堆肥的混合物。三、加入想要的植物。把這些植物分成幾簇，模仿大自然一般，為兩棲爬行動物提供棲身之所。

這種類飼育箱的鳳梨科、蘭花科和其他熱帶植物。如果要簡單地列出清單的話，裡面會包括：鐵莧菜、姑婆芋、苦苣苔、網紋草、竹芋和綠蘿等。不是所有的植物都能在所有的飼育箱中活得很好，所以務必多加研究哪種植物會在你所營造的環境條件下成長茁壯。

在將植物加進飼育箱的時候，先將植物以較稀疏的密度種植進去，再每隔幾週加一些新成員進去，直到飼育箱裝滿了為止。在熱帶叢林飼育箱裡，似乎總有空間可以讓你把體型更小的植物塞進去，所以你可以多花點時間練習種植熱帶叢林植物的藝術。

當然，也不是所有的植物都必須種植在箱體的底材中。與我們先前討論過的其他飼育箱不同，熱帶叢林飼育箱很適合垂直的生態栽植。鳳梨科植物由於不需要根系，可以被高高地放在攀緣枝幹潮濕的角落裡，也可以被種植在較高的植物中空的部分。已經開始大量製造了的農纖板（一種由壓縮椰子殼製成的多孔板）可以裁切成你想要的尺寸，黏貼在熱帶叢林飼育箱的兩側和背面。（含矽的水族箱密封膠可以將農纖板牢牢地固定在箱體的玻璃上。）只要將農纖板的濕度維持在適當的程度，任何鳳梨科植物或空中蘭花都可以被種植在上

作者在喬治亞大學的生態大樓裡建造了這個熱帶叢林飼育箱來飼養一群箭毒蛙。

面並成長茁壯。飼育箱剛完工的時候，這些農纖板看起來並不怎麼吸引人，但是農纖板有可能會成為微小植物和苔蘚的棲身之所，隨著飼育箱逐漸成熟，這些農纖板可能會變成一道生機勃勃、綠意盎然又美觀宜人的植物牆。

老實說，你實在很難克制自己在熱帶叢林飼育箱裡增加植物數量的衝動。只要有足夠的水分、光照和營養來支撐密集的植物群落，你可以毫不費力地讓熱帶叢林飼育箱維持茂密的植物生長。然而，許多玩家會遇到的問題是，他們太過熱中於在箱體裡面添加植物，以至於他們不得不每天賣力搜尋隱藏在樹葉間兩棲爬行動物的身影。記住，無論你飼養什麼動物，務必為牠們保留足夠的活動空間，牠們才能過上正常的生活。

另外也請記住，如此茂密的植被會需要不停施用肥料。我的飼育箱有五十五加侖（兩百零八公升）那麼大，我已經在裡面大量種植了各式各樣的植物，我每兩個月都會在底材裡面增添一茶匙的氮肥（一種混合了清水的液態肥料）。我會把這種混合物放進噴霧器裡，噴在植物根部附近的底材上，幾天之內我就會發現植物的生長速度和整體美感都有了提升。

地面覆蓋物

如同山地森林飼育箱一樣，熱帶叢林棲息地必須有某種密集的地面

覆蓋物以防止底材的深處會因為水分蒸發而變得過於乾燥。最好的地面覆蓋物是熱帶或亞熱帶的苔蘚，如爪哇莫絲或曲尾蘚，這兩種苔蘚在佛羅里達州南部野外

豹紋竹芋是一種奇特又美麗的植物，它需要溫暖又潮濕的環境，在叢林飼育箱中它可以成長得很好。

生長得極為茂盛，很容易在飼育箱相關商店中就買得到。其他優良的地面覆蓋物包括部分堆肥化的落葉層，上面是乾的，但下面卻仍保持濕潤的那種。凡是去過中美洲或南美洲叢林的人都能證明叢林地面樹葉有多麼厚實。因此，如果想要在叢林環境中維持底材深處的水分，利用厚厚的樹葉覆蓋地面是一種非常自然也非常實際的方式，但要避免使用常綠針葉和木蘭屬的葉子，因為其中含有可能有害的樹脂。

　　許多原生於叢林的兩棲爬行動物也很喜歡這樣的樹葉覆蓋物。騎士變色蜥和南美蜥等蜥蜴會在這種環境中獵食，葉尾守宮則會因為能完美地與環境融為一體而感到無比的安心。如曼特蛙和箭毒蛙等叢林的蛙類會到水中產卵，而這些則會被集中在杯狀的倒置樹葉當中。

濕度

　　生活在熱帶雨林中的動植物需要較高的相對濕度才能成長茁壯，因此你應該將相對濕度維持在百分之七十五以上、百分之八十五以下。

　　要知道，濕度不僅對兩棲爬行動物很重要，乾淨的空氣與良好的通風對牠們而言也同等重要。混濁的空氣和受汙染的水是熱帶叢林飼育箱中引發感染、造成健康狀況不佳的元凶。藉由每天檢查和調整濕度，讓飼育箱在高濕度與良好空氣循環間達成平衡。如果相對濕度低於百分之

飛蹼守宮是熱帶叢林飼育箱中很有趣的一種生物。和大多數蜥蜴一樣，飼養的時候請確保一個飼育箱裡面只有一隻雄性蜥蜴。

七十二到七十五，用噴霧器為飼育箱加濕，用玻璃或壓克力蓋住飼育箱頂部的三分之二，藉此讓蒸散的水蒸氣滯留飼育箱內。相對的，如果熱帶叢林飼育箱內的空氣變得又髒又臭時，將蓋子打開一部分，讓更多空氣得以流通。濕度計可以讓你輕鬆測出相對濕度，而任何與兩棲爬行動物相關的寵物店均有販售。

加熱與光照

　　要為熱帶叢林飼育箱提供光照，最好是用螢光燈。溫室或植物園中使用的植物燈就很適合。我建議使用螢光燈的原因有以下幾個。首先，螢光燈產生的熱量比白熾燈少很多。如果你用的是白熾燈，高大的植物和樹棲的兩棲爬行動物就有危險了，這兩種生物都在箱體的上層。植物會被灼傷，而樹棲的兩棲爬行動物則會因為要躲避熱能而來到箱體的下層，這種不自然的行為會對牠們造成極大的壓力。如果你注意到兩棲爬行動物在底材上待的時間很長，你也許應該試著降低光照的強度，或者使用瓦數較低的燈泡。

　　我會建議用螢光燈的第二個原因是考量到它們向植物發出的光亮。這些燈泡比較長，能將光線均勻地投射到飼育箱的各個角落，這種燈泡跟反射罩一起使用的時候效果會更好。

　　我會建議使用螢光燈的最後一個原因是基於它的購置與操作成本。一般來說，螢光燈的壽命是白熾燈的數倍。使用螢光燈的玩家更換燈泡一次，使用白熾燈的玩家可能已經換上十幾次了。另外，白熾燈也遠比螢光燈還要更加耗電。

　　一些生活在熱帶叢林中的草食性動物，尤其是變色龍和其他晝行性

蜥蜴，可能會需要 UV-B 的照明。植物燈沒辦法提供這種光線。好在，植物一樣能受惠於為兩棲爬行動物提供紫外線的全光譜燈。請務必先行了解植物和動物的照明需求，否則很容易買錯燈泡。

　　說到進入熱帶叢林飼育箱內的熱能，你的照明設備所提供的熱能其實不一定充足。有些類型的飼育箱蓋子安裝了多種燈泡，讓螢光燈提供主要的照明與熱能，而低瓦數的白熾燈則充當輔助。這樣的蓋子就很適合熱帶叢林飼育箱。只要在合適的燈具中安裝數量足夠的低瓦數白熾燈，並在起碼兩個地方設置溫度計來觀察飼育箱中的溫度，一個要儘量離燈近，一個要儘量離燈遠，這樣便可以觀察到整個飼育箱中的溫度範圍。如果溫度過高，不利於動植物的生長，那就降低燈泡的瓦數，或是減少燈泡的數量。相反地，如果溫度太低，動植物無法順利成長，那就增加燈泡數量或是瓦數。

高山飼育箱

　　還有另一種潮濕的森林環境，雖然比較少人知道，但我覺得有必要一提，那就是高山飼育箱。高山棲息地的定義在於它茂密的樹葉、較高的相對濕度、相對涼爽的溫度。這是一種高海拔的環境，在這個環境中，可以成長茁壯的兩棲爬行動物多不勝數。北美和歐洲的蠑螈尤其喜歡涼爽潮濕的高山環境，玉斑錦蛇、溫馴的中國鼠蛇、日本青蛇等蛇類也能在這種環境悠然自得。

線與藤

我看過玩家們使用釣魚線創造出長滿藤蔓的棲息地，其創意實在令人嘆為觀止。將釣魚線掛在兩個物體之間，為各種常春藤之類的爬藤植物提供藤蔓攀爬的立足點，而釣魚線只要遠一點看根本看不出來。只要將一株小常春藤或是其他的攀藤植物種植在釣魚線的下方，你就可以看它慢慢爬上飼育箱的頂部。樹棲的青蛙、守宮和變色蜥似乎特別喜歡躲在這種垂直的樹葉下進行獵食。

箱體

　　要建立山地飼育箱，當然還是要從箱體的挑選做起。山地棲息地特徵是高大的植物和涼爽的樹冠，所以高度是必須考慮的因素，但想要建立一個生機勃勃的山地飼育箱，長度和寬度也很重要。因此，大多數建造山地飼育箱的玩家會選擇長且高的箱體，大小通常在一百加侖（三百七十九公升）起跳。記住，在建造自然飼育箱的時候，體積都是愈大愈好的。

底材

　　等你把箱體安置好，接下來就該開始混合底材了。與熱帶叢林以及山地森林的底材做法一樣：一份棕櫚樹皮（如果你選擇的植物比較能夠忍耐酸性環境的話，你也可以用泥炭）、一份椰子殼、一份蘭花樹皮，再加上兩到三份的落葉堆肥。雖然山地飼

大多數的壁虎都是晝伏夜出的，但日行守宮卻偏偏不是隻夜貓子，這使得牠們成為叢林飼育箱中最受歡迎的一種動物。圖中就是一隻日行守宮。

夜晚的溫度

為了在晚上為飼育箱提供熱能，你可以使用紅色或藍色的燈泡，這種燈泡又被稱為「月光燈」。這種類型的光不會干擾兩棲或爬行動物的生理時鐘，又同時有助於將溫度保持在可以接受的範圍內。這些燈泡由黑色、紅色或深紫色的玻璃製成，這種燈泡能讓兩棲或爬行動物沐浴在蒼白、柔和光芒，同時為飼育箱提供柔和、溫暖的熱能。另一種選擇是陶瓷加熱器，它產生熱能的時候是不發光的。不過要繼續，夜晚的溫降是自然的，大多數的飼育箱類型也都能接受這樣的溫差。以下有個簡單的列表，列出了我所建議的夜間氣溫。不過還是要請你仔細研究你所飼養的物種，這樣才能準確地找出牠們喜歡的溫度。

沙漠：華氏八到十二度（攝氏四點五到六點七度）

森林：華氏五到七度（攝氏二點七到三點九度）

溫帶林地：華氏五到十度（攝氏二點七到五點六度）

山地：華氏十到十五度（攝氏五點六到八點三度）

沼澤：華氏五到十度（攝氏二點七到五點六度）

育箱的環境與動物在溫度、濕度、光照等方面的要求跟山地森林相去甚遠，但是在山地森林飼育箱底材中所產生的生物活動也同樣會在山地飼育箱中產生。在維護飼育箱的時候，這兩者土壤中的生物群落並沒有明顯的差異。同樣的，山地棲息地的箱體底部也需要一到兩英吋（二點五到五公分）深的排水層。使用清洗過的細礫石來建造排水層。排水層上方的底材應該要有三到五英吋（七點六到十二點七公分）深。

地面覆蓋物

在排水層和底材就位後，在底材上鋪一層厚厚的地面覆蓋物。山地飼育箱的底材需要保持的水分可能比山地森林飼育箱要來得多，所以地面覆蓋物自然也要更厚。地面覆蓋物可以用能在寒冷的山地環境生存的溫帶苔蘚（這可能需要每年更換）或是亞熱帶苔蘚。厚厚的落葉層也是可以的。

植物

　　所有能生長在溫帶森林飼育箱的植物都能在山地飼育箱裡生長得很好，因為大多數森林植物對於溫度變化的耐性都比山地植物要來得高。能在山地飼育箱生長得很好的植物當中，我最喜歡的要屬：蔓綠絨、瑪塔娜屬的所有品種，還有連珠蕨、烏毛蕨、金狗毛蕨、鐵角蕨和腎蕨等蕨類。按照在叢林飼育箱篇章敘述過的方式來種植你所選擇的植物，切忌讓箱體過於擁擠，務必預留空間讓植物得以生長。蔓綠絨和蕨類葉子過長時會需要定期修剪。

裝飾品

　　用各種漂流木、變質岩或火成岩來做裝飾。由於山地環境的濕度較高，所以要避免使用沉積岩。大多數自然居住在山地區域的兩棲或爬行動物天性都害羞內向，所以要確保你的山地飼育箱裡有足夠的、幽暗的藏身處。

水源與濕度

　　山地環境裡有著大量的水源，包括：泉水、溪流、池塘等，住在附近的兩棲或爬行動物都在這些地方飲水或獵食。而山地飼育箱的玩家也就必須同時還原這種水量，在每四十加侖（一百五十一公升）的飼育箱中至少要有兩個大水盆（或用容器做成的池塘）。因此，一個一百二十五加侖（四百七十三公升）的箱體應該要有三個大型的水盆，散置在整個箱體中。這麼多的水源不僅能夠模擬出山地兩棲爬行動物會在野外遇到的情景，也能增加山地環境的相對濕度。

苔蘚在山地飼育箱裡看起來相當自然，是種絕佳的地面覆蓋物。

如果你把山地飼育箱的溫度維持在涼爽到適中的程度，火蠑螈應該會很開心。

當水從這些水盆中慢慢蒸發，山地飼育箱中的相對濕度也能維持得較高，山地飼育箱的相對濕度最好能在百分之六十到百分之七十之間。

說到濕度，你應該依照你所飼養的兩棲爬行動物的種類來調整飼育箱的濕度。例如，一隻大型的鼠蛇在相對濕度為百分之六十至六十五的環境下能生活得很好，但牠也不喜歡環境一直很潮濕，所以在維持濕度的同時還要有充足的乾燥空間才最對這種蛇類的胃口。另一方面，太平洋大 的棲息地需要較高的相對濕度和持續潮濕的環境，不過這種蠑螈也會視其當下的心情從潮濕的地方移動到乾燥的地方。

無論你在山地飼育箱飼養什麼樣的兩棲爬行動物，都要為其提供乾燥的地方，讓牠們得以遠離箱體中的濕氣。幽暗的洞窟、乾燥的藏身處，隨便一個比較乾燥的地方都可以達成這個目的。如果一直處於潮濕的環境，陸棲型的兩棲爬行動物是沒辦法成長的。不提供兩棲爬行動物這種乾燥的場所是很不人道的事情，這會導致嚴重的健康問題。

由於山地飼育箱必須維持較高的相對濕度，通風和空氣循環並「正確地」照顧生物群落也是玩家必須解決的問題。我建議用不透水的玻璃或丙烯酸層將飼育箱的頂層覆蓋三分之一到一半的面積。這樣程度的覆蓋可以讓一些水分被保留在飼育箱裡，同時讓大部分的水分得以蒸發、讓外面的空氣得以進入飼育箱內。當然，飼育箱頂部應該要覆蓋多大的範圍、箱體內應該要維持怎樣的濕度還是要取決於你所飼養的兩棲爬行動物的種類。

不管你所飼養的是哪一種兩棲爬行動物，通風與空氣循環都是你必

須優先考慮的事項。就像生長在山地森林和熱帶叢林飼育箱中的動物一樣，棲息地都必須有乾燥、清淨的空氣流通，這樣才能避免內部的空氣過於潮濕、腐敗、受到含氮廢物的汙染。

加熱與光照

由於山地棲息地會比其他的生物群落更注重保持涼爽，所以你必須謹慎處理加熱與光照的問題。溫度過高可能會對已經習慣較低溫度的兩棲或爬行動物造成壓力，甚至導致其死亡。最近很熱門的玉斑錦蛇喜歡溫度較低的環境，大概是華氏七十度出頭（攝氏二十一點七到二十三點九度），曬太陽的地方也不要讓溫度超過華氏八十五度（攝氏二十九點四度）。曬太陽的區域必須要小，因為箱體的燈泡瓦數應該要調到最低。

用六十到七十五瓦的燈泡來維持曬太陽區域的溫度。燈泡要朝向飼育箱的一端，這樣飼育箱裡就會有一個明顯的溫躍層。至少要裝設兩個以上的溫度計來監測箱體內的溫度範圍。確保山地飼育箱裡兩棲或爬行動物的整體舒適程度，涼爽區域的溫度跟溫暖的區域溫差不能超過華氏十二到十四度（攝氏六點五到七點八度）。

你照顧山地棲息地的時間愈長，觀察寵物兩棲爬行動物的次數愈多，你就愈了解箱體內部的運作方式以及寵物的需求。舉例來說，如果你的

角蜥（另一種來自亞洲海高拔地帶的蜥蜴）所有的時間幾乎都待在曬太陽的區域，而從沒有試圖進入箱體溫度較低的那一頭，那你就應該調整箱體內的環境溫度，這樣才能讓蜥蜴在整個箱體中都能覺得舒適自在。反之亦然。如果你的兩棲爬行動物一直不肯進入曬太陽的區域，那可能意味著該區域的光線太熱，牠無福消受。換一個瓦數較低的燈泡，或是把燈泡放在距離飼育箱稍遠的地方，讓曬太陽的地方溫度能略降個幾度。

這隻美麗的玉斑錦蛇可以被飼養在山地飼育箱中，但牠其實是一種脆弱的物種，所以還是讓專家們飼養會比較好。

半水生

現在來談談我最喜歡的飼育箱類型。這是我一直嘗試在建造與實驗的類型，也是一種讓我對於打造與維護自然飼育箱心馳神往的類型。那就是沼澤飼育箱。實際上，這種飼育箱的另一個名字，半水生飼育箱，可能是個更貼切的名字。因為所有的沼澤飼育箱都是半水生飼育箱，但並不是所有的半水生飼育箱都是沼澤飼育箱。

以我的觀點來說，在說到建造與設置的時候，半水生飼育箱能讓玩家提供最大的創意發揮空間。我見過海岸線飼育箱、河岸飼育箱、沼澤飼育箱、瀑布飼育箱，但我認為我所見過最吸引人的半水生飼育箱是一個四十加侖高（一百五十一公升高）的箱體，裡面沒有任何土壤底材。飼育箱的底部覆蓋著一層正在分解的葉子和植物，上面則是一層薄薄的細礫石。這些東西全都在水面下方整整五英吋（十二點七公分）深的地方。水裡生長著浮萍、大藻和鳳眼藍，許多漂流木樹枝從水中斜斜地探出水面。飼育箱的水底深處住著一隻大鱷龜，牠以水中的金魚和淡水龍

建造一個兩棲爬行動物和魚類都能共存的半水生飼育箱是項艱鉅的挑戰，但是結果必然是令人覺得賞心悅目且心滿意足的。

蝦為食。箱體的最上層則覆蓋著大量的松蘿鳳梨，有一個松鼠蟾群落在那裡落地生根。

　　當我剛看到這個飼育箱的時候，我就很懷疑，為什麼這個箱體裡面沒有可供樹蛙行走、棲息、捕獵的乾燥底材？後來我才知道，在奧克弗諾基沼澤的野生環境中，這些樹蛙生活在從水中長出的柏樹上，松鼠蟾可以幾乎一輩子都不「腳踏實地」沒關係，於是我對這種獨特的飼育箱生態平衡有了更深的了解。鱷龜以魚類和甲殼類動物為食，而樹蛙則以蟋蟀為食，蟋蟀被扔進飼育箱後會本能地爬到木頭上，而等待著獵物的樹蛙們便能很輕易地發現牠們，飼育箱中的植物則透過處理水中的廢物來吸收養分。這樣的設計簡直就是鬼斧神工。雖然說並不是所有的玩家都有能力建造這樣的飼育箱，也不見得人人都喜歡，但是這樣獨樹一格的建造方式正好說明了，半水生飼育箱能為玩家的創造力提供多大的揮灑空間。

箱體

　　在開始建造半水生飼育箱之前，先問問自己：「我想要建造多大的棲息地？水應該要多深才能滿足兩棲爬行動物的需求？我希望箱體裡面水比較多還是土比較多？」這些問題的答案會影響到你所需購買的箱體尺寸。如果你想要的是土比率較大的類型，一般二十加侖（七十六公升）

的飼育箱就夠了，比這個尺寸小的箱體空間都不足以容納半水生生態系統的所有組成部分。然而，如果你希望水能夠深一點，或是水的比率大一點，那我會建議你買一個更大一點的，至少四十加侖（一百五十一公升）起跳的。如果你的空間足夠，那麼一個一百二十五加侖（四百七十三公升）或更大的箱體可以讓你打造出令人驚艷的半水生生態系統。

半水生兩棲爬行動物前十

1. 紅耳龜
2. 刺鱉
3. 美洲牛蛙
4. 雙冠蜥
5. 長鬣蜥
6. 楓葉龜
7. 黑棕疣螈
8. 虎紋鈍口螈
9. 綠紅東美螈
10. 非洲爪蟾

底材

選擇完箱體之後，就該來收集底材混合物了。我會先在箱體底部放一層一到兩英吋（二點五到五公分）的細礫石和非矽基沙。當然，這不是排水層，畢竟整個箱體有大部分都在水下了。不過這一層細礫石和非矽基砂還是能起到物理上的穩定作用，因為大多數的有機底材都很輕，會在水中浮起來。在一般家庭的半水生飼育箱中，這些特性會導致直接接觸到飼育箱玻璃上的有機底材移動；隨著時間，這些底材可能會滑落、倒塌，然後掉進箱體的水中，讓水變得混濁不堪。因此，我會建議玩家在飼育箱底部放一層砂石的地基，以提供其他底材必須的穩定度。

接下來，加入底材混合物。自然界許多半水生的環境都有高酸性的土壤。由於自然界中許多半水生生物環境的酸鹼值較低，能在一般家庭中半水生環境成長的植物物種也大多能夠在酸鹼值較低的土壤中活得很好。因此，將一份泥炭蘚、兩份椰棕纖維、兩份落葉堆肥和一份蘭花樹皮混合，來做成底材混合物。根據你所想要種植的植物種類對低酸鹼值的耐受性來增減泥炭蘚的成分比例。將這些成份充分混合，在飼育箱的底部，在要做成土地的那一側鋪上五到六英吋（十二點七到十五點二公

分）厚厚的一層。重要的是，別在水源那一側鋪上任何底材混合物。

用底材混合物覆蓋了底材層的大部分後，在底材上做出一個簡單的斜坡，大概三十度到四十五度都可以。這個平緩的斜坡會變成岸線，所以要確保它的坡度足夠平緩，這樣你所飼養的兩棲爬行動物才能輕易地爬上岸邊，從水中爬到陸地上。高度靈活的半水生兩棲爬行動物，像是赤腹水蛇，可以不費吹灰之力爬上最陡峭的粗糙斜坡，但是笨手笨腳的雞龜則需要一個平緩的坡道才能離開水面。

等底材達到你所需的厚度，你也已經做好斜坡之後，兩棲爬行動物就可以在牠們需要的時候離開水中，這個時候你就該在底材的斜坡上鋪設平坦、堅硬的石頭了。這裡所說的「堅硬」是指要能承受過濾器不斷衝擊的石頭。這些石頭不能是沉積岩，質地也不能過於柔軟或易碎，因為這些石頭分解並溶解到水中的速度太快了。

儘量要避免使用過小的石頭來鋪設這個坡道，因為小石頭很容易在兩棲爬行動物運動的時候就被移動了。用較大、較重的的河岸岩石來建造岸線，石頭如果能夠平坦就更好了。堅固、穩定的岸線是讓半水生飼育箱維持得長長久久的關鍵。找到了合適的石頭之後，像瓦片一樣將它

雖然龜類在半水生飼育箱中能活得很好，但牠們經常會踐踏並吃掉裡面的植物。圖中是一隻剛孵化的錦龜。

們分層，從岸線的底部開始往上層疊。底材要盡可能被石頭掩蓋住，因為任何沒有被覆蓋到的點都會導致底材滲入水中，使水變混濁或是使過濾器堵塞。我發現一個不錯的辦法，就是先用大塊的岩石為基礎，再用小石頭填滿所有的縫隙，這樣你就會有一道緊實緻密的岸線，上面也不會有太大的洞或縫隙了。

植物

　　隨著岸線的完成，是時候種下你所選擇的陸地植物了。由於種在盆栽內的方式不太適合這種飼育箱，因此你可以採用種在底材內或是生態栽植的方式，將你所選擇的植物種類視其需要的深度種在底材中，不過要切記，這種飼育箱內的底材會一直碰到水。比方說，如果有一種植物的根部必須保持濕潤而非潮濕，像是大理石皇后黃金葛，就應該淺淺地種植在底材中就好，讓其高於地下水位會到達的高度。其他植物，像是白蝶合果芋，它的根系可以忍受較多的水分，你就可以將它的根種得更深一點，低於地下水位會到達的高度。我通常不會讓地下水位的高度高於底材表面以下三英吋（七點六公分）；這能保證淺層生長的植物根部不會低於地下水位，能接觸到足夠的底材來獲取養分。蔓綠絨、千母草、吊竹草、合果芋和所有綠蘿屬的植物都能在半水生飼育箱中的陸地上生長得很不錯。不過綠蘿屬也可能因為長得太好，所以必須適時對其進行修剪，以免讓它塞滿整個箱體。

　　水生植物是半水生飼育箱裡面的優質選擇；它們能帶給這種飼育箱其他飼育箱無法複製的獨特美麗。大藻、鳳眼藍、睡蓮、浮萍和其他水

生植物不僅能讓箱體變得更加美觀，還能有助於維持飼育箱中的生態平衡。由於生物產生的廢物，包括廢物、排泄物、沒吃完的食物等，會在水中分解，這些植物能夠輕易的吸收和處理廢物產生的含氮化學物質。這樣不僅可以讓箱體中的水保持乾淨，更由於水不斷接觸到箱體中的底材，因此也能保持底材的乾淨。因為半水生飼育箱的水中生長著欣欣向榮的植物，這些箱體的外觀、氣味和生態平衡都會跟其他飼育箱有著顯著的差異。

水源

　　有了陸生植物後，你就可以開始往半水生飼育箱中加水了。我建議只用瓶裝水或井水。（原因請見第六章，有詳細的討論與分析。）將水倒進箱體預定要注水那側的開口處。請務必慢慢來，因為你新建好的底材和岸線比你想像中要更容易被水沖刷走。

　　當水位到達底材乾燥部分表面以下三英吋（七點六公分）的時候就不要繼續加水了。接下來，根據飼育箱的高度與種類，在裡面放進全潛式或掛鉤式的過濾器。養著烏龜的低長型飼育箱可以採用掛鉤式過濾器，但養著水蛇或蛙類的較高飼育箱就不那麼適合了，因為生物可能會從掛鉤式過濾器預留的蓋頂洞口脫逃，所以應該採用全潛式過濾器。飼養蝌蚪或其他完全水生的兩棲爬行動物的話，則應該要採用氣動的泡沫過濾器，這種過濾器沒有機動動作，因此不會對蠑螈或蝌蚪這些小型或脆弱的兩棲爬行動物構成威脅。為過濾器安裝合適的過濾介質（活性碳、顆粒過濾器等）並啟動它。水加進飼育箱

如果你的半水生飼育箱空間大、照明又充足，那可以試試看強韌又美麗的鳳眼藍。

之後就必須立刻打開過濾器，因為沒有循環、流動的水會很快就會腐敗、汙染。

地面覆蓋物

飼育箱裡的水和過濾器都就位之後，現在你可以把注意力集中在地面覆蓋物上了。半水生飼育箱的優點就在於不需要煩惱濕度的問題，因此對兩棲爬行動物來說，地面覆蓋物的重點在於讓牠們能有機會保持乾燥。每一種半水生的兩棲爬行動物都需要有些地方能讓牠們暫時離開水面。自然飼育箱裡面，你可以將平坦的石頭放在箱體的土壤部分，厚厚的苔蘚或是落葉堆肥層都能提供這些動物一個乾燥的去處。確保這些東西厚度充足，且底材的水分不會浸透它們。

在箱體中建造一個乾燥的隱蔽處也是個不錯的點子，這樣就可以同時滿足兩棲或爬行動物乾燥、隱居、安全等需求。在一塊寬又平的石頭上建造一個小石穴就能達成這些條件，在厚厚的苔蘚上放置半捲軟木樹皮也行。滿足寵物的這些需求，牠們才能過得健康又快樂。

裝飾品

讓兩棲爬行動物得以暫離水面或是乾燥的地方是半水生飼育箱的一個重點。大多數的水生烏龜都喜歡曬太陽，但牠們通常都只在岩石、木頭或其他從水面中突出的物體上進行日光浴。某些青蛙和水生蛇類也有同樣的傾向，牠們只在被水包圍的物體上曬太陽。為了因應這些兩棲爬行動物的嗜好，你可以在飼育箱的水域中設計幾個這樣的地點。這些突出水面的物體可以是天然的，比方說浮木或是大塊石頭的斜面，當然也可以是人造的，像是塑膠蓮葉或是泡棉板，合適的種類可以兼具浮性又能以假亂真。許多公司都會生產這種人工造物，任何經營兩棲爬行動物相關的寵物店應該都能輕易取得。

廣東萬年青很好養，在高濕度環境下能夠生長良好，是沼澤或叢林飼育箱的優質選擇。

非洲爪蛙是一種完全水生的蛙類，牠們很好動，飼養難度也不高。

加熱與光照

如同大多數自然飼育箱的建造和維護，你在半水生飼育箱中所需要採用的光照強度與類型會取決於你所飼養的植物和兩棲爬行動物的種類。容納了整群夜行性庫氏樹蛙的箱體只需要適量的光照就能維持植物的健康，如果飼養的是長鬣蜥那就是另一回事了，你得要提供全天候的全光譜光，因為這種蜥蜴需要強光和 UV-B 的照射，而烏龜則需要在露出水面的石頭或木頭上享受溫暖的光照和 UV-B。在建造飼育箱之前，你得要先了解兩棲爬行動物的光照需求，才能提供牠們在飼育環境中最適切的照明設備。

全潛式水族箱加熱器也可以為飼育箱提供熱能，只要把加熱器放進飼育箱的水中，調節到你想要的溫度就可以了，通常來說，華氏八十到八十三度（攝氏二十六點七到二十八點三度）就很夠了。由於這種加熱器是依靠裸露在外的線圈來放熱，外面只有一層薄薄的玻璃外殼，兩棲爬行動物有可能因此被燙傷。用篩網將加熱器包覆起來（大多數的寵物用品店均有販售篩網加熱器套管）可以防止兩棲爬行動物直接接觸到加熱的線圈。你也可以把加熱器材在裝飾品後方或甚至裝飾品的內部，如果水能在在它周圍流動的話。

維護

如果箱體中的水被廢物所汙染了，你就需要將大約一半的水虹吸出來，並重新注滿水池。以虹吸的方式，盡可能將愈多的生物黏液吸出來愈好，同時也要盡可能不去攪動到底部的石頭或底材。這種水汙染在飼育箱新建好的那段時間就會開始出現，但隨著飼育箱當中生態系統的逐漸成熟，出現這種情況的頻率也會逐漸下降。

飼育箱無脊椎動物前十名

飼育箱裡面並非一定要養兩棲爬行動物不可，各式各樣的無脊椎動物也可以是很棒的寵物。讓這些無脊椎動物在飼育箱裡四處遊蕩可以為其增添一抹詭譎的氛圍。然而請注意，雖然有不少種類的兩棲或爬行動物可以養在一塊兒，但除了草食性的馬陸和蟑螂，其餘的無脊椎動物都必須單獨飼養，把無脊椎動物養在一起你只會看到牠們互相殘殺而已。和兩棲爬行動物一樣，在購買無脊椎動物之前你必須先做好研究。大多數物種，包括那些來自熱帶大草原和沙漠的物種，都需要一個較為潮濕的環境。其他物種可能也有牠們特殊的需求，因而會對你所建造的飼育箱感到水土不服。除此之外，你也要確保你買到的是你所想要的無脊椎動物，而不是外觀相似卻帶有劇毒的物種。

物種	飼育箱類型
巨人食鳥蛛	熱帶叢林
墨西哥紅膝蜘蛛	稀樹草原
粉紅趾蜘蛛	熱帶叢林
智利紅玫瑰蜘蛛	稀樹草原
骷顱頭蟑螂	熱帶叢林／山地森林
馬達加斯加蟑螂	熱帶叢林／山地森林
帝王蠍	山地森林
馬陸	熱帶叢林／山地森林
坦尚尼亞巨人蜈蚣	熱帶叢林
越南巨人蜈蚣	熱帶叢林

在箱體池壁上生長得太過放肆的藻類也可以用水加上無化學成分的海綿擦洗掉。虹吸的水量視你的需求而定，虹吸之後當然要輕輕地將水量補回原本的高度。如果有必要的話，也可以重複虹吸、回填的步驟來清除水中的有機廢物。隨著飼育箱逐漸成熟，植物處理水中有異味的廢物的能力也會逐漸完善，你需要虹吸清理的次數也會大大減少。

親愛的讀者，這本書就到此結束了。我們討論了各式各樣自然飼育箱的材料、構造和維護的方法，還有各種飼育箱的組件、這些組件如何相互影響以及這些組件如何影響整個飼育箱的生態系統。

如果你已經閱讀到這裡，我除了想對你說聲恭喜，也想請你繼續從報章雜誌、網路論壇等地方探索更多關於自然飼育箱的知識。雖然我很想說「這本書是完美的，建造完美、健康、功能一應俱全飼育箱的方式這本書裡無一不包」，但我不能這麼說。因為這並不屬實。不管一本書有多好，不管作者寫得多麼透徹，事實

結語

上就是沒有任何一個資料來源能夠解答所有的問題。玩家們始終都只能盡力尋找有價值的資訊。

照顧和維護自然飼育箱是一種藝術；你在這個領域中獲得的知識與經驗愈多，你的技術就會變得更好、更純熟。雖然今天你只能建造出一個簡單、基本的自然飼育箱，但透過努力不懈的精神，未來你一定能建造出一個複雜、自給自足的生態系統來。願你和你的兩棲爬行動物，無論在飼育箱裡還是飼育箱外，都能長長久久、健健康康。

照片來源

Brian Abrahamson: 23

Marian Bacon: 1, 84, 88, 94, 109

Craig Barhorst (courtesy of Shutterstock): 28

R. D. Bartlett: 7, 11, 18, 21, 45, 58, 69, 77, 92, 98, 132, 147

Allen Both: 24

Keith Brooks (courtesy of Shutterstock): 36

Marius Burger: front cover

Matthew Campbell: 19, 60, 130, 133

Barry Duke: 101, 144

EcoPrint (courtesy of Shutterstock): 4

Paul Freed: 3, 14, 97

Ray Hunziker: 26, 90

Ra'id Khalil (courtesy of Shutterstock): 16

J. LePage: 75

Erik Loza: 46, 118

G. & C. Merker: 48, 49, 52, 110, 112, 123, 138, 141

Carol Polich: 42

Philip Purser: 8, 30, 34, 43, 55, 56, 105, 119, 128, 131, 134

Nicholas Rjabow (courtesy of Shutterstock): 140 Mark Smith: 40, 103

Marc Staniszewski: 32

Karl H. Switak: 39, 104, 108, 113, 124, 136, 143

TFH Archives: 71, 127, 150, 152

John Tyson: back cover

Maleta M. Walls: 13, 31, 62, 65, 70, 73, 74, 80, 83, 85, 87, 89, 96, 114, 116, 121, 135, 148, 149

國家圖書館出版品預行編目資料

飼育箱造景 / 菲利浦‧玻瑟（Philip Purser）著；楊豐懋譯.
-- 初版. -- 臺中市：晨星，2019.08
面； 公分. --（寵物館；82）

譯自：Complete herp care natural terrariums

ISBN 978-986-443-898-3（平裝）

1.爬蟲類　2.兩生類　3.寵物飼養

437.39　　　　　　　　　　　　　　108009826

掃瞄QRcode，
填寫線上回函！

寵物館82

飼育箱造景

作者	菲利浦‧玻瑟（Philip Purser）
譯者	楊豐懋
編輯	邱韻臻、林珮祺
排版	曾麗香
封面設計	Betty Cheng
創辦人	陳銘民
發行所	晨星出版有限公司 407台中市西屯區工業30路1號1樓 TEL：04-23595820　FAX：04-23550581 行政院新聞局局版台業字第2500號
法律顧問	陳思成律師
初版	西元 2019 年 8 月 15 日
總經銷	知己圖書股份有限公司 106 台北市大安區辛亥路一段 30 號 9 樓 TEL：02-23672044 / 23672047　FAX：02-23635741 407 台中市西屯區工業 30 路 1 號 1 樓 TEL：04-23595819　FAX：04-23595493 E-mail：service@morningstar.com.tw
網路書店	http://www.morningstar.com.tw
讀者服務專線	04-23595819#230
郵政劃撥	15060393（知己圖書股份有限公司）
印刷	上好印刷股份有限公司

定價380元

ISBN 978-986-443-898-3

Complete Herp Care Natural Terrariums
Published by TFH Publications, Inc.
© 2007 TFH Publications, Inc.
All rights reserved